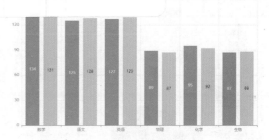
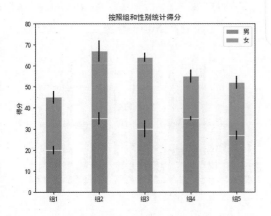

图 4-2 学生考试成绩分析

图 4-1 按组和性别统计成绩的条形图

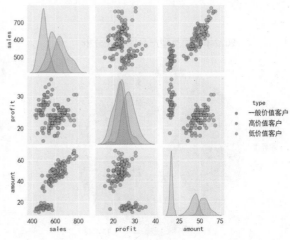

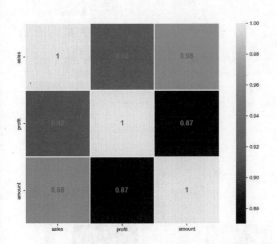

图 4-10 散点图矩阵

图 4-3 相关系数热力图

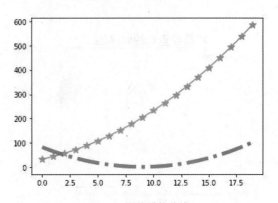

图 5-2 调整后的曲线

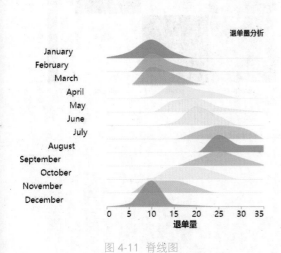

图 4-11 脊线图

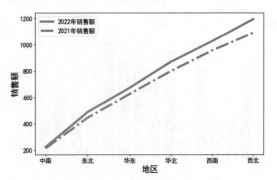

图 5-8 各地区销售额分析

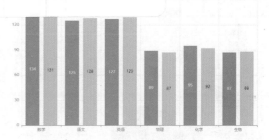
U0103770

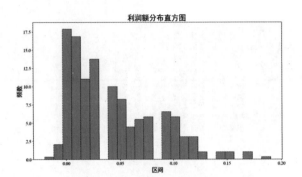

图 6-1 利润额直方图

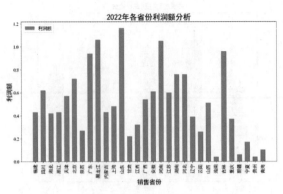

图 6-3 利润额条形图

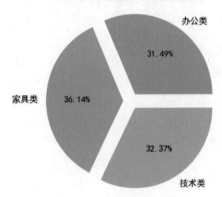

图 6-4 不同类型产品的销售额

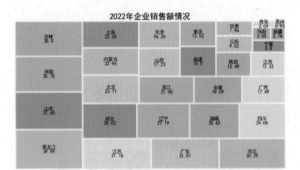

图 7-1 销售额树形图

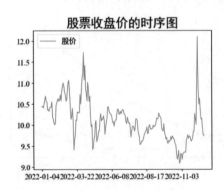

图 7-5 时序图

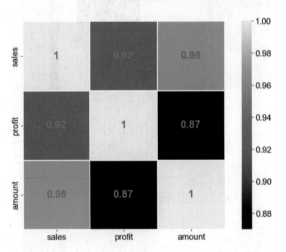

图 7-12 相关系数热力图

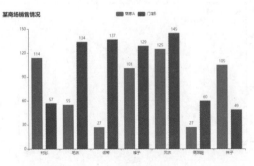

图 8-1 商家 A 和商家 B 销售业绩分析

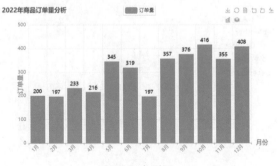

图 8-2 条形图

图 9-5 股票价格走势

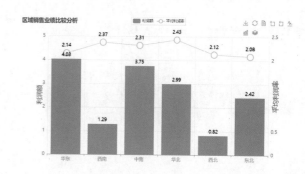

图 9-6 双坐标轴图

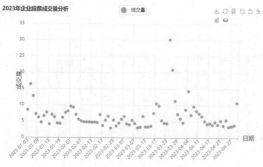

图 9-8 散点图

2023年股票交易量分析

图 10-1 日历图

华东地区利润额比较分析

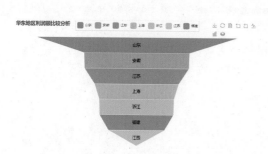

图 10-2 漏斗图

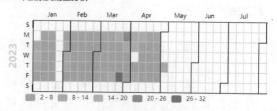

图 10-6 旭日图

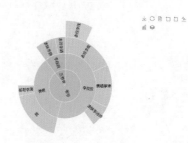

图 10-7 主题河流图

2022年公司销售指标分析

图 10-3 仪表盘

2022年销售商品类型关键词词云

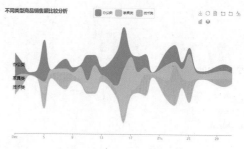

图 10-8 词云

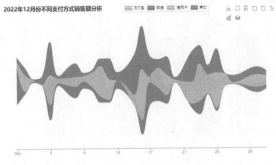

图 10-11 主题河流图

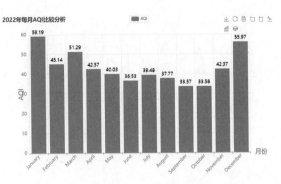

图 11-6 每月 AQI 均值条形图

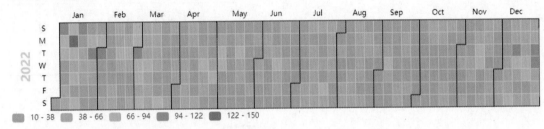

图 11-8 每日 AQI 日历图

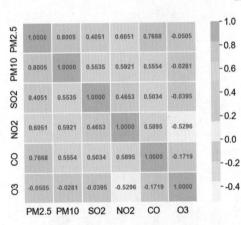

图 11-9 污染物相关系数矩阵

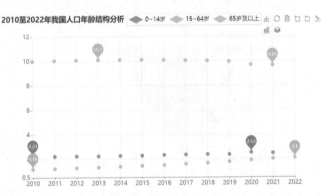

图 12-3 人口年龄结构分析

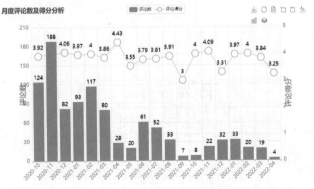

图 13-1 月度评论数及得分分析

图 13-5 关键词词云

Python数据可视化之
Matplotlib与
Pyecharts实战

王国平　编著

清华大学出版社
北京

内 容 简 介

本书以某上市电商企业的客户数据、订单数据、股价数据为基础，循序渐进地介绍 Python 可视化技术，重点介绍 Pandas 数据预处理与 Matplotlib 和 Pyecharts 在数据可视化应用中的基本功能和使用技巧。全书共分4篇，第1篇（第1～4章）主要介绍 Python 基础与 Pandas 数据预处理技术，帮助准备可视化数据；第2篇（第5～7章）介绍可视化工具 Matplotlib 的功能与绘图技巧；第3篇（第8～10章）介绍可视化工具 Pyecharts 的功能与绘图技巧；第4篇（第11～13章）介绍3个项目案例，旨在使读者学以致用，提升数据分析的整体能力。

本书还提供了案例数据源文件、源代码和教学视频，供读者上机演练时参考。

本书案例丰富，通俗易懂，适合想学习 Python 可视化的初学者和从业者使用，还可以作为管理、经济、社会人文等领域的人员学习 Python 软件进行大数据可视化分析的参考书，也可以作为大中专院校相关专业的教学用书。

本书封面贴有清华大学出版社防伪标签，无标签者不得销售。

版权所有，侵权必究。举报：010-62782989，beiqinquan@tup.tsinghua.edu.cn。

图书在版编目（CIP）数据

Python 数据可视化之 Matplotlib 与 Pyecharts 实战/王国平编著. —北京：清华大学出版社，2023.9
ISBN 978-7-302-64625-9

Ⅰ．①P… Ⅱ．①王… Ⅲ．①软件工具－程序设计 Ⅳ．①TP311.561

中国国家版本馆 CIP 数据核字（2023）第 178014 号

责任编辑：王金柱
封面设计：王　翔
责任校对：闫秀华
责任印制：丛怀宇

出版发行：清华大学出版社
　　　　　　网　　址：http://www.tup.com.cn，http://www.wqbook.com
　　　　　　地　　址：北京清华大学学研大厦 A 座　　　　　邮　　编：100084
　　　　　　社 总 机：010-83470000　　　　　　　　　　　邮　　购：010-62786544
　　　　　　投稿与读者服务：010-62776969，c-service@tup.tsinghua.edu.cn
　　　　　　质量反馈：010-62772015，zhiliang@tup.tsinghua.edu.cn
印 装 者：北京同文印刷有限责任公司
经　　销：全国新华书店
开　　本：190mm×260mm　　**彩　插：**2　　**印　张：**18.25　　**字　　数：**493 千字
版　　次：2023 年 10 月第 1 版　　　　　　　　　　　**印　　次：**2023 年 10 月第 1 次印刷
定　　价：89.00 元

产品编号：102321-01

前　言

　　研究表明，人类大脑处理图形的速度要比文字快几万倍，如何将海量的数据转换成可视化的图形是数据分析的必修课。Matplotlib 和 Pyecharts 是 Python 中常用的两个可视化库，其功能强大，可以方便地绘制折线图、条形图、柱形图、散点图等基础图形，还可以绘制复杂的图形，如日历图、树形图、聚类图等。

　　Matplotlib 是 Python 数据可视化库的泰斗，尽管已有十多年的历史，但仍然是 Python 社区中使用广泛的绘图库，它的设计与 MATLAB 非常相似，提供了一整套和 MATLAB 相似的命令 API，适合交互式制图，还可以将它作为绘图控件，嵌入其他应用程序中。

　　Pyecharts 是一款将 Python 与 Echarts 相结合的数据可视化工具，可以高度灵活地配置，轻松搭配出精美的视图。其中 Echarts 是百度开源的一个数据可视化库，而 Pyecharts 将 Echarts 与 Python 进行有机对接，方便在 Python 中直接生成各种美观的图形。

　　本书首先介绍大数据可视化分析的一些基础知识和主要技术，然后通过实际案例重点讲解 Matplotlib 和 Pyecharts 在数据可视化分析过程中的使用方法及技巧，还提供了大量实际项目案例，希望能够帮助读者掌握大数据可视化技术，提升职场竞争力。

本书内容

　　本书分 4 篇，共 13 章，各章内容概述如下：

　　第 1 篇（第 1～4 章）介绍 Python 数据可视化基础。

　　第 1 章介绍 Python 环境的安装，包括如何搭建代码开发环境，以及 pip 包管理工具。
　　第 2 章介绍 Python 编程基础知识，包括数据类型、基础语法、常用高阶函数等。
　　第 3 章介绍 Pandas 数据处理，包括数据读取、索引、切片、聚合、透视、合并等。
　　第 4 章介绍 Python 主要的数据可视化库，如 Matplotlib、Pyecharts、Seaborn、Bokeh 等。

　　第 2 篇（第 5～7 章）介绍 Matplotlib 数据可视化。

　　第 5 章介绍 Matplotlib 的图形参数设置，如线条、坐标轴、图例及其参数配置等。
　　第 6 章介绍使用 Matplotlib 绘制一些基础图形，如直方图、折线图、饼图、散点图等。
　　第 7 章介绍使用 Matplotlib 绘制一些高级图形，如树形图、误差条形图，以及图形整合等。

　　第 3 篇（第 8～10 章）介绍 Pyecharts 数据可视化。

　　第 8 章介绍 Pyecharts 的图形参数配置，如全局配置项、系列配置项和运行环境。
　　第 9 章介绍使用 Pyecharts 绘制一些常用图形，如折线图、条形图、箱形图、K 线图等。
　　第 10 章介绍使用 Pyecharts 绘制一些高级图形，如日历图、仪表盘、环形图、词云等。

第 4 篇（第 11~13 章）介绍数据可视化案例。

第 11 章利用 Python 软件对近几年来上海市的空气质量数据进行可视化分析。

第 12 章从人口总数、增长率、抚养比等方面，对我国的人口现状和趋势进行分析。

第 13 章通过 Python 爬取京东商品的用户评论数据，并进行评论文本的可视化分析。

本书特色

本书编者拥有十余年大数据分析和挖掘从业经验，本书内容大部分是实际工作经验的分享，其中涉及大量可视化经验和案例，有较大参考价值。

依据数据可视化流程进行讲解，首先介绍 Python 基础，然后介绍 Pandas 数据预处理技术，再介绍 Matplotlib 和 Pyecharts 可视化工具，最后讲解了几个可视化项目，循序渐进，从入门到实践，既适合初学者入门，也适合对可视化图形和工具不熟悉的从业者掌握知识和提升技能。

本书以某电商企业数据可视化为例，书中给出了大量可视化案例，介绍了各种可视化图形的绘制方法和技巧，读者可以依照本书提供的实例和相应的数据进行演练，边学边练，高效掌握，并且能够解决实际工作中遇到的问题。

本书提供了完整的数据资源（数据基本存储在 MySQL 数据库中）和教学视频，读者可以使用本书的数据资源进行练习，遇到学习上的问题，还可以扫码观看教学视频，从而大幅提升学习效率。

读者对象

本书适用于互联网、电商、咨询等行业的数据分析人员以及媒体、网站等数据可视化用户，可供高等院校相关专业的学生以及从事大数据可视化的研究者参考使用，也可作为 Python 软件培训和自学用书。

截至 2023 年 5 月，Matplotlib 的版本为 3.7.0，Pyecharts 的版本为 2.0.2，本书正是基于以上版本编写的，全面而详细地介绍了 Matplotlib 和 Pyecharts 在数据可视化分析中的应用。

配书资源

为方便读者学习本书，本书还提供了教学视频、源代码和 PPT 课件，其中教学视频扫描各章的二维码即可直接观看。源代码和 PPT 课件可以扫描以下二维码获取。

如果你在学习和资源下载的过程中遇到问题，可以发送邮件至 booksaga@126.com，邮件主题写"Python 数据可视化之 Matplotlib 与 Pyecharts 实战"。

由于编者水平所限，书中难免存在疏漏之处，请广大读者批评指正。

编　者

2023 年 8 月

目　　录

第 1 篇　Python 数据可视化基础

第 2 篇　Matplotlib 数据可视化

第 3 篇　Pyecharts 数据可视化

第 4 篇　数据可视化案例

第1篇 Python 数据可视化基础

本篇将介绍数据可视化技术的基础知识，包括Anaconda数据开发环境的搭建、Python编程入门知识、Pandas数据整理与清洗以及Python中几个主要的可视化库。

第 1 章

搭建Python开发环境

工欲善其事，必先利其器。Python的学习过程少不了代码开发环境，可以帮助开发者加快开发速度，提高效率。本章介绍Python可视化编程的基础，包括软件的安装、搭建代码开发环境以及初步认识Python程序等。本书中使用的环境是基于Python 3.10.9的Anaconda，是截至2023年5月的新版本。

1.1 集成开发工具Anaconda

Anaconda是Python的一个集成管理工具或系统，它把Python进行相关数据计算与分析所需要的包都集成在了一起，用户只需要安装Anaconda，即可使用Python语言及其相关的分析包进行可视化分析。

1.1.1 什么是 Anaconda

Anaconda是一个用于科学计算的Python发行版，支持Linux、macOS和Windows系统，提供了包管理与环境管理的功能，可以很方便地解决多版本Python并存、切换以及各种第三方包的安装问题。Anaconda利用工具/命令conda来进行包和环境的管理，并且其中已经包含Python语言本身和相关的配套工具。

Anaconda是一个打包的集合，里面包含NumPy、Pandas、Matplotlib等数据科学相关的开源包，在数据分析、数据可视化、大数据和人工智能等多方面都有涉及，包括Scikit-Learn、TensorFlow和PyTorch等。

Anaconda官方网站对其功能的概括如图1-1所示。

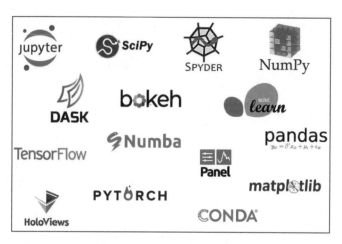

图 1-1 主要的机器学习库

Anaconda的优点总结起来就8个字：省时省心，分析利器。

- 省时省心：Anaconda 通过管理工具包、开发环境、Python 版本大大简化了用户的工作流程，不仅可以方便地安装、更新、卸载工具包，而且能自动安装相应的依赖包，同时还能使用不同的虚拟环境隔离不同要求的项目。
- 分析利器：Anaconda 官方网站中是这么宣传自己的，适用于企业级大数据分析的 Python 工具，其包含720 多个数据科学相关的开源包，在数据可视化、机器学习、深度学习等多方面都有涉及，不仅可以进行数据分析，还可以用在大数据和人工智能领域。

1.1.2 安装 Anaconda

Anaconda的安装过程比较简单，首先进入Anaconda的官方网站下载需要的版本，这里选择Windows版本的64-Bit Graphical Installer，如图1-2所示。如果官方网站下载速度较慢，还可以到清华大学开源软件镜像站下载。

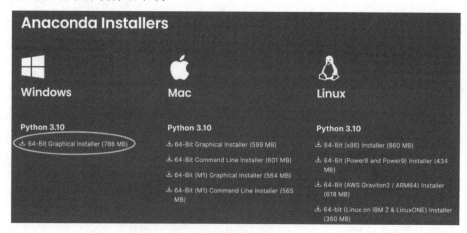

图 1-2 下载 Anaconda

软件下载好后，以管理员身份运行Anaconda3-2023.03-1-Windows-x86_64.exe文件，单击Next按钮，安装过程比较简单，最后单击Finish按钮即可，主要安装过程如图1-3所示。

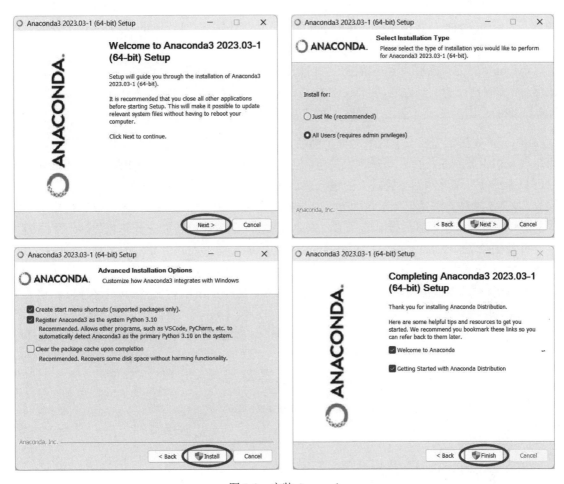

图 1-3　安装 Anaconda

　　安装结束后，正常情况下会在计算机的"开始"菜单中出现Anaconda3 (64-bit)文件夹，单击其下方的Anaconda Prompt，然后输入python，如果出现Python的版本信息，就说明安装成功，如图1-4所示。

图 1-4　查看 Python 版本

　　Anaconda是一个基于Python的数据处理和科学计算平台，内置了许多非常有用的第三方库，安装Anaconda后，就相当于把Python和NumPy、Pandas、Scipy、Matplotlib等常用的库自动安装好了。但是，如果选择非集成环境Python的话，那么还需要使用pip install命令逐个安装各种库，尤其是对于初学者来说，这个过程是非常痛苦的。

Python第三方包众多，但是调用包的时候，有时会遇到问题，比如安装包失败，安装速度很慢，很影响自己的工作进度，可能还会报错，这是由于我们在CMD窗口使用pip安装的时候，默认下载的是国外资源，会由于网速不稳定甚至没有网速而出现问题，解决办法如下：

（1）首先搜索需要安装的包名称，然后去国外的网站进行下载。在本地安装包时，用户可以在窗口中看到系统会自动安装相关包，但是可能也会出现下载失败的情况，出现这种情况时，只需继续去国外网站下载缺失的包，然后在本地安装即可。

（2）第二种方法是一劳永逸的方法，选择国内镜像源，相当于从国内的一些机构下载所需的Python第三方包。那么如何选择国内镜像源，如何配置呢？首先在计算机中显示隐藏的文件，并找到C:\Users\shang\AppData\Roaming，其中shang是个人的计算机的名称，然后在该路径下新建一个文件夹，命名为pip，在pip文件夹中新建一个TXT格式的文本文档，将下面这些代码复制到该文本文档中，关闭并保存。最后将文本文档重新命名为pip.ini，这样就创建了一个配置文件。

```
[global]
timeout = 60000
index-url = https://pypi.tuna.tsinghua.edu.cn/simple
[install]
use-mirrors = true
mirrors = https://pypi.tuna.tsinghua.edu.cn
```

文档中的链接地址还可以更换成如下地址：

- 阿里云：http://mirrors.aliyun.com/pypi/simple/。
- 中国科技大学：https://pypi.mirrors.ustc.edu.cn/simple/。
- 豆瓣（douban）：http://pypi.douban.com/simple/。
- 清华大学：https://pypi.tuna.tsinghua.edu.cn/simple/。
- 中国科学技术大学：http://pypi.mirrors.ustc.edu.cn/simple/。

通过以上操作，后续我们使用pip安装第三方包的时候，就默认选择国内源进行安装，这样安装速度较快。

1.2 常用代码开发工具

Python数据分析的常用代码开发工具有Spyder、JupyterLab和PyCharm。由于本书介绍的是数据可视化，经常需要展示一些图表，相对而言，个人认为JupyterLab这个开发工具比较合适。本节我们会逐一介绍上述3个代码开发工具，读者根据自己的喜好选择其一即可。

1.2.1　简单易用的 Spyder

安装Anaconda后，默认会安装Spyder工具，因此不需要再单独安装。Spyder是Python的作者为它开发的一个简单的集成开发环境，与其他的开发环境相比，它最大的优点就是模仿MATLAB的"工作空间"的功能，可以方便地观察和修改数组的值。

Anaconda安装成功后，默认会将Spyder的启动程序添加到环境变量中，可以通过单击计算机的"开始"按钮，再单击其快捷方式启动Spyder，也可以在命令提示符中输入spyder命令启动Spyder，如图1-5所示。

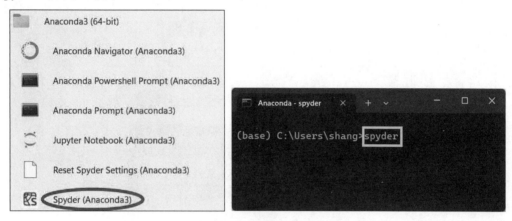

图 1-5　启动 Spyder

Spyder界面由多个窗格构成，包括Editor、Console、Variable explorer、File explorer、Help等，用户可以根据自己的喜好调整它们的位置和大小，如图1-6所示。

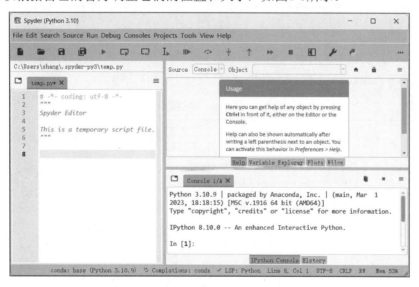

图 1-6　Spyder 界面

高效使用Spyder窗格可以方便我们进行Python代码的开发。表1-1中列出了Spyder的主要窗格及其作用。

表 1-1　Spyder 的主要窗格及其作用

窗格名称	作　用
Editor	编辑程序，可用标签页的形式编辑多个程序文件
Console	在别的进程中运行的Python控制台
Variable Explorer	显示Python控制台中的变量列表
File Explorer	文件浏览器，用于打开程序文件或者切换当前路径
Help	查看对象的说明文档

在使用Spyder进行代码开发时，需要在Editor窗格的空白区域编写代码，例如print("Hello Python!")，编写完毕后，可以通过工具栏上的运行按钮运行程序，也可以按快捷键F5，我们可以在Spyder界面右下方的Console窗格中看到结果或报错信息等，如图1-7所示。

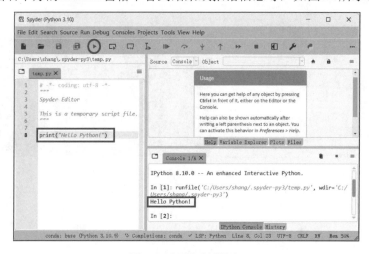

图 1-7　运行示例程序

快捷键可以方便我们进行代码的开发和测试，Spyder的常用快捷键如表1-2所示。此外，可以通过Tools→Preferences→Keyboard Shortcut查看所有快捷键。

表 1-2　Spyder 的主要快捷键

快捷键	中文名称
Ctrl+R	替换文本
Ctrl+1	单行注释，单次注释，双次取消注释
Ctrl+4	块注释，单次注释，双次取消注释
F5	运行程序
Ctrl+P	文件切换
Ctrl+L	清除Shell
Ctrl+I	查看某个函数的帮助文档
Ctrl+Shift+V	调出变量窗口
Ctrl+up	回到文档开头
Ctrl+down	回到文档末尾

1.2.2　功能强大的 JupyterLab

JupyterLab是Jupyter Notebook的新一代产品,它集成了更多功能,是使用Python(R、Julia、Node等其他语言的内核)进行代码演示、数据分析、数据可视化等很好的工具,对Python的愈加流行和在AI领域的领导地位有很大的推动作用,它是本书默认使用的代码开发工具。

安装Anaconda后,默认安装JupyterLab工具,启动JupyterLab的方法比较简单,只需要在命令提示符中输入jupyter lab命令即可。JupyterLab程序启动后,浏览器会自动打开编程窗口,默认地址是http://localhost:8888。

可以看出,JupyterLab页面左边是存放笔记本的工作路径,右边就是我们需要创建的笔记本类型,包括Notebook和Console,还可以创建Text File、Markdown File、Show Contextual Help等其他类型的文件,如图1-8所示。

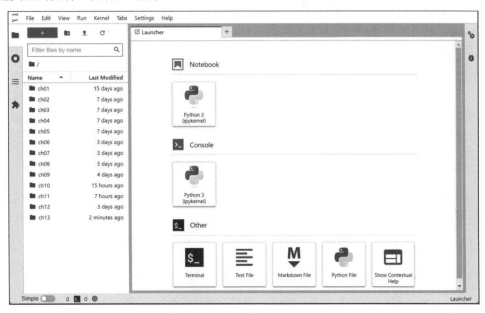

图 1-8　JupyterLab 界面

我们可以对JupyterLab的参数进行修改,如对远程访问、工作路径等进行设置,配置文件位于C盘系统用户名下的.jupyter文件夹中,文件名称为jupyter_notebook_config.py。

如果配置文件不存在,就需要自行创建,单击图1-8中的Other选项下的Terminal,使用jupyter notebook --generate-config命令即可生成配置文件,并且会显示出文件的存储路径及名称,如图1-9所示。

图 1-9　配置 JupyterLab

JupyterLab提供了一个命令来设置密码：jupyter notebook password，生成的密码存储在jupyter_notebook_config.json文件中，下方将会显示文件的路径及名称，如图1-10所示。

图 1-10　配置 JupyterLab 密码

如果需要允许远程登录，还需要在jupyter_notebook_config.py中找到下面几行代码，取消注释并根据项目的实际情况进行修改，修改后的配置如下：

```
c.NotebookApp.ip = '*'
c.NotebookApp.open_browser = False
c.NotebookApp.port = 8888
```

如果需要修改JupyterLab的默认工作路径，需要找到下面的代码，取消注释并根据项目的实际情况进行修改，本书修改后的配置如下：

```
c.NotebookApp.notebook_dir = u'D:\\Python 数据可视化之 Matplotlib 与 Pyecharts 实战'
```

待需要配置的参数都修改完毕后，需要重新启动JupyterLab才能生效，启动后首先需要我们输入刚刚配置的密码，如图1-11所示。

图 1-11　输入密码

输入密码后，单击Log in按钮，在新的编程窗口中，左边的工作路径会发生变化，现在呈现的就是D盘的"Python数据可视化之Matplotlib与Pyecharts实战"文件夹。

1.2.3　高效流行的 PyCharm

PyCharm是一个比较常见的Python代码开发工具，可以帮助用户在使用Python语言开发时提高效率，比如调试、语法高亮、Project管理、代码跳转、智能提示、自动完成、单元测试、版本控制等。

在开始安装PyCharm之前，需要确保计算机上已经安装了Java 1.8以上的版本，并且已配置好环境变量。安装PyCharm后，还需要配置其代码开发环境，首次启动PyCharm，会弹出配置窗口，如图1-12所示。

如果之前使用过PyCharm并有相关的配置文件，则在此处选中Config or installation folder单选按钮；如果没有使用过PyCharm，保持默认设置，即选中Do not import settings单选按钮，然后单击OK按钮。在同意用户使用协议页面，勾选确认同意选项，并单击Continue按钮，如图1-13所示。

图 1-12　软件配置窗口

图 1-13　用户使用协议

确定是否需要进行数据共享，可以直接单击Don't send按钮，如图1-14所示。选择主题，左边为黑色主题，右边为白色主题，根据需要选择即可，这里我们选择Light类型，并单击Next:Featured plugins按钮继续后面的插件配置，如图1-15所示。

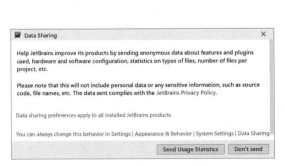

图 1-14　数据共享设置

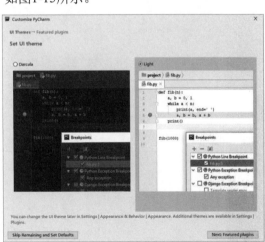

图 1-15　选择软件主题

PyCharm设置完成后，单击Create New Project选项，就可以开始创建一个新的Python项目。在New Project页面，在Location中设置项目路径并选择解释器。注意，这里默认使用Python的虚拟环境，即第一个New environment using选项，再单击Create按钮，如图1-16所示。

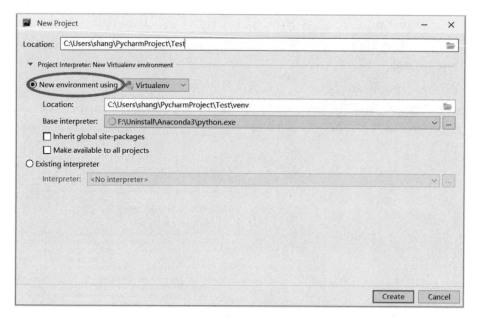

图 1-16　配置新项目

如果不使用虚拟环境，一定要修改，则需要选择第二个Existing interpreter选项，然后选择需要添加的解释器，再单击Create按钮，如图1-17所示。在弹出的PyCharm欢迎页面，取消勾选Show tips on startup复选框，不用每次都打开欢迎界面，单击Close按钮，退出使用指导过程。

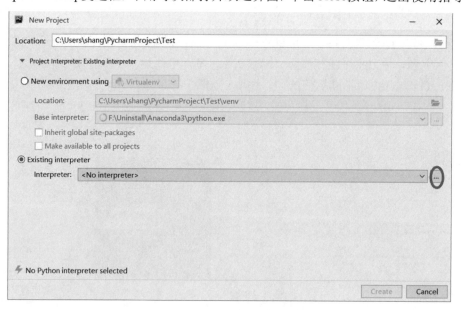

图 1-17　配置解释器

创建Python文件，在项目名称的位置右击，依次选择New→Python File，输入文件名称Hello，并按Enter键即可，如图1-18所示。

在文件中输入代码：print("Hello Python!");，然后在文件中的任意空白位置右击，选择Run 'Hello'选项，在界面的下方显示Python代码的运行结果，如图1-19所示。

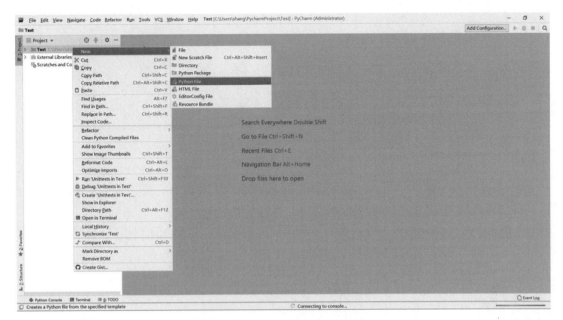

图 1-18 新建 Python 文件

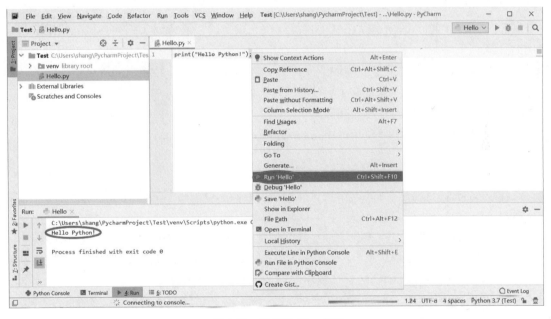

图 1-19 运行 Python 代码

1.3 认识Python程序

使用Python进行数据可视化必须掌握Python编程相关知识，本节先来认识一个Python程序的特点及其构成。

1.3.1　一个简单的 Python 程序

首先用一个简单的Python程序计算圆的面积，示例代码如下：

```
import math
r = float(input("请输入圆的半径: "))
area = math.pi * math.pow(r, 2)
print("圆的面积为: ", area)
```

这个程序可以计算给定半径的圆的面积。程序首先使用import关键字导入Python的math模块，以便在程序中使用数学常量pi和pow函数，pow函数用来计算半径的平方。

在Python中，import语句用来引入其他模块或库的功能，使得我们可以在自己的程序中直接使用这些功能，而不需要重新编写它们。

当我们在程序中使用import关键字时，Python会执行以下操作：

（1）Python会在当前工作目录中寻找指定的模块或库。

（2）如果在当前目录下没有找到指定的模块或库，则会在Python的标准库路径中继续寻找。

（3）如果在Python的标准库路径中也没有找到指定的模块或库，则会尝试查找用户自定义的路径。

（4）一旦Python找到指定的模块或库，就会加载和执行它，并将它的命名空间中的所有对象全部导入当前程序的命名空间中。对于比较大的模块或库，通常只需要引入其中的一部分功能。在这种情况下，可以使用import语句后面跟上from关键字和模块或库中需要引入的具体功能。例如，如果我们只需要使用Python的math库中的pi常数和sqrt函数，那么可以这样写：

```
from math import pi, sqrt
```

这样，我们就只能使用math库中的pi常数和sqrt函数，而不是整个math库的所有功能。这样可以提高程序的运行效率和可读性。

然后，代码会要求用户输入圆的半径。我们使用float()函数将用户输入的字符串转换为浮点数，并将其保存在变量r中。之后，使用公式πr²计算圆的面积，并将结果保存在变量area中。

最后，程序会使用print()函数将计算出的圆的面积打印在屏幕上。

要运行这个程序，我们可以将代码保存在一个以.py为扩展名的文件中，例如area.py。打开控制台或终端，并在程序所在的目录下输入以下命令：

```
python area.py
```

程序将会交互式运行，在控制台上提示用户输入半径的值。

这是一个非常简单的示例，但它演示了Python的基本语法和功能。我们看到，一个Python程序包括很多内容，如变量、函数、字符串等，这些概念我们会在后续的内容中详细介绍。

如果你刚开始学习Python，请试着把这个程序打印出来并检查每一行的作用，以便更好地理解Python程序的工作方式。

1.3.2　Python 的常量和变量

在Python中，变量和常量是两种不同的概念。

变量是在程序执行过程中可以改变值的标识符。在Python中，变量使用等号"="进行赋值。例如：

```
x = 10                  #把 10 赋值给变量 x
name = "ChatGPT"        #把字符串"ChatGPT"赋值给变量 name
```

变量名可以包含字母、数字和下画线，但不能以数字开头。Python的变量名区分大小写，因此name和Name是两个不同的变量。

常量是指在程序中永远不会改变值的标识符。在Python中，常量通常使用全大写字母表示。Python并没有约定好如何定义常量，但约定俗成的是，使用全大写字母来表示常量，例如：

```
PI = 3.1415926         #把浮点数 3.1415926 赋值给常量 PI
MAX_COUNT = 100        #把整数 100 赋值给常量 MAX_COUNT
```

虽然Python中没有真正意义上的常量，但程序员可以通过这种方式来告诉读者，这是一个不会改变值的标识符。

1.3.3　编写 Python 程序的注意事项

编写Python程序时，请注意以下几个要点。

（1）注意缩进：在Python中，缩进非常重要。程序中的每个语句块必须使用相同数量的空格，否则会出现语法错误。建议在每个缩进层次中使用4个空格。

（2）导入模块：Python提供了许多内置模块和第三方库。在程序中导入所需的模块可以使代码更加简洁和易于维护。通常，import语句应该放在程序的开头。

（3）变量命名规范：Python中的变量名应该清晰、简洁和易于理解。建议使用有意义的名称来描述变量的用途，并使用小写字母、下画线和数字。变量名应该以字母或下画线开头，不能以数字开头。函数名同样按照这个规则。

（4）注释：Python中的注释可以提高代码的可读性。单行注释可以使用井号（#），多行注释可以使用三引号（"'...'"）。

（5）错误处理：编写正确的Python程序需要包括错误处理。try-except块可以捕获和处理程序中的异常。在try块中包含可能引发异常的代码，在except块中包含异常处理代码。

以下是一个简单的Python代码示例，其中包含缩进和注释。

```
#创建一个变量 sum，初始化为 0
sum = 0
#for 循环，变量 i 在 1～100 范围内循环
for i in range(1,101):
    #在循环体内，每一次都将 i 加到 sum 上
```

```
    sum = sum + i
print(sum)      #输出 sum 的值
```

在此示例中，sum = sum + i语句被缩进了4个空格。这种缩进方式是一种符合PEP 8规范的代码风格。

注释使用井号（#）表示，示例中的注释可使代码更易于理解和维护。

在Python中，通常是一行写完一条语句，如果要写多条语句，就需要使用分号分隔。此外，如果语句很长，还可以使用反斜杠（\）来实现换行，但是在[]、{}或()中的多行语句不需要使用反斜杠，示例代码如下：

```
order_mon = 91; order_tue = 78; order_wed = 83; order_thu = 85; order_fri = 82;
order_sat = 129; order_sun = 116
order_total = order_mon + order_tue + order_wed + \
              order_thu + order_fri + order_sat + order_sun
order_day = ["order_mon", "order_tue", "order_wed", "order_thu",
             "order_fri", "order_sat", "order_sun"]
```

1.4 包管理工具pip

在实际编程工作中，会用到很多模块和开发工具或第三方包，此时可以使用pip来安装它们，pip是最常用的Python第三方包管理工具。下面介绍如何通过pip进行第三方包的安装、更新、卸载等操作。

安装单个第三方包的命令如下：

```
pip install packages
```

安装多个库包，需要将包的名字用空格隔开，命令如下：

```
pip install package_name1 package_name2 package_name3
```

安装指定版本的包，命令如下：

```
pip install package_name==版本号
```

当要安装一系列包时，如果写成命令可能会比较麻烦，此时可以把要安装的包名及版本号写到一个文本文件中。例如，文本文件的内容与格式如下：

```
arrow==1.2.2
astropy==5.1
astunparse==1.6.3
atomicwrites==1.4.0
anaconda-client==1.11.0
anaconda-navigator==2.3.1
```

然后使用-r参数安装文本文件下的包，命令如下：

```
pip install -r 文本文件名
```

查看可升级的第三方包，命令如下：

```
pip list -o
```

更新第三方包，命令如下：

```
pip install -U package_name
```

使用pip工具可以很方便地卸载第三方包，卸载单个包的命令如下：

```
pip uninstall package_name
```

批量卸载多个包的命令如下：

```
pip uninstall package_name1 package_name2 package_name3
```

卸载一系列包的命令如下：

```
pip uninstall -r 文本文件名
```

此外，在JupyterLab中也可以很方便地使用pip工具，在JupyterLab窗口中单击Console控制台下的Python 3启动按钮，如图1-20所示。

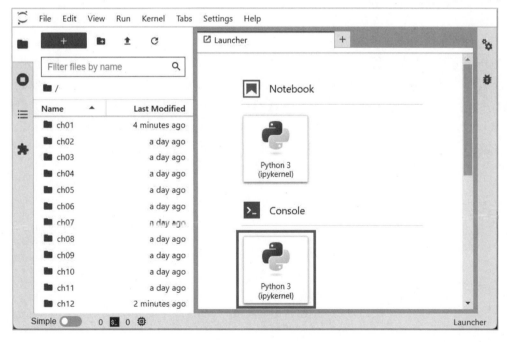

图 1-20　打开 Console

然后，在下方的代码输入区域输入相应的代码即可，如图1-21所示。也可以使用pip安装、更新和卸载第三方包。

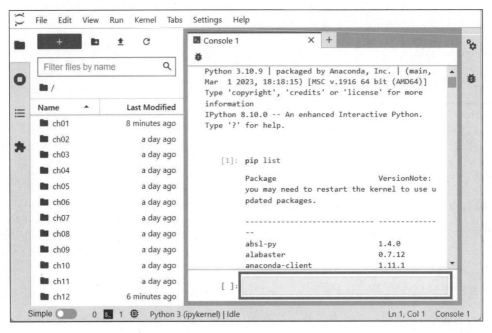

图 1-21　代码输入区域

1.5　本章小结

　　Python是深受广大数据分析师喜爱的数据分析工具，本章通过结合实际操作和范例介绍了Python编程的相关知识，包括软件集成环境Anaconda的安装、常用代码开发工具、Python程序的构成和特点等，对于从未接触过Python编程的初学者来说，如果想用Python进行数据可视化，掌握编程技能可以说是最基本的要求。

　　本章只是一个开始，下一章将带领读者进入Python编程的精彩世界。

第 2 章

Python编程基础

本章详细介绍Python程序的数据类型、运算符和优先级、基础语法、常用函数等，这些都是学习Python编程的必备基础，对于从未接触过编程的初学者来说，本章内容十分重要。

2.1　Python数据类型

Python是一种动态类型的编程语言，因此它支持多种数据类型。Python中的基本数据类型包括数字、字符串、布尔、列表、元组、集合和字典等。本节开始介绍这些数据类型的特点与使用。

2.1.1　数字

Python中的数字（Number）类型用于存储数值，主要有整型（int）和浮点型（float）两种。

例1：我们知道客户是门店最重要的资产，为了更好地了解客户和为客户服务，门店经理让分析师小王统计汇总每日购买商品的客户数，其中今天的客户数为99人，输入代码如下：

```
cust_num1 = 99
```

此时，cust_num1变量的值是99，此为整型数据。

例2：门店经理需要统计本月销售数据，经实际计算为2984.5万元，将此数值赋予一个变量，即给门店带来直接利润的客户。会有部分客户进行退货，根据营业流水数据统计，共计8人，因此需要剔除，输入有效客户数的代码如下：

```
cust_num2 = 2984.5
```

此时，变量cust_num2的值即为浮点型。

2.1.2　字符串

字符串（String）是Python中常用的数据类型之一。我们可以使用英文输入法下的单引号（''）或双引号（""）来创建字符串，字符串可以是英文、中文或中文和英文的混合形式。例如，输入以下代码：

```
str1 = "Now or never!"
str2 = "学习 Python!"
```

此时，创建了两个字符串str1和str2，执行上述代码后两个字符串如下：

```
str1
'Now or never!'
str2
'学习 Python!'
```

在Python中，可以通过"+"实现字符串与其他字符串的拼接，例如输入以下代码：

```
str3 = str1 + " Work hard to learn Python!"
```

此时str3字符串如下：

```
'Now or never! Work hard to learn Python!'
```

在字符串中，我们可以通过索引获取字符串中的字符，遵循"左闭右开"的原则，注意索引是从0开始的。例如，截取str1的前3个字符，代码如下：

```
str1[:3]
#或者 str1[0:3]
```

输出结果如下：

```
'Now'
```

可以看出，程序输出str1中的前3个字符"Now"，索引分别对应0、1、2。原字符串中的每个字符对应的索引号如表2-1所示。

表 2-1　字符串索引

原字符串	N	o	w		o	r		n	e	v	e	r	!
正向索引	0	1	2	3	4	5	6	7	8	9	10	11	12
反向索引	-13	-12	-11	-10	-9	-8	-7	-6	-5	-4	-3	-2	-1

此外，还可以使用反向索引实现上述需求，但是索引位置会发生变化，分别对应-13、-12、-11，代码如下：

```
str1[-13:-11]
```

输出结果如下：

```
'Now'
```

同理，我们也可以截取原字符串中的"never"子字符串，索引的位置是7～12，注意包含7，但不包含12，截取字符串的代码如下：

```
str1[7:12]
```

输出结果如下：

```
'never'
```

Python提供了方便灵活的字符串运算，表2-2列出了可以用于字符串运算的运算符。

表 2-2　字符串运算符

序　　号	操　作　符	说　　明
1	+	字符串连接
2	*	重复输出字符串
3	[]	通过索引获取字符串中的字符
4	[:]	截取字符串中的一部分，遵循"左闭右开"的原则
5	in	成员运算符，如果字符串中包含给定的字符，就返回True
6	not in	成员运算符，如果字符串中不包含给定的字符，就返回True
7	r/R	原始字符串，所有的字符串都按照字面的意思来输出
8	%	格式字符串

下面以成员运算符in为例介绍字符串运算符，例如，我们需要判断"never"是否在字符串str1中，代码如下：

```
'never' in str1
```

输出结果如下：

```
True
```

这里显示的是True，如果不存在结果，就输出False。

2.1.3　列表

列表（List）是Python中常用的数据类型之一，使用方括号（[]）表示。列表中的元素用逗号分隔，并且不需要所有元素具有相同的类型。

例如，创建3个门店有效客户的列表，其中list1为客户张三的个人信息，list2为一周有效客户的数量，list3为客户信息表的主要字段，代码如下：

```
list1 = ['张三', '男', 18966666666, '东方路 666 号']
list2 = [91, 78, 83, 85, 82, 129, 116]
list3 = ["客户姓名", "客户性别", "联系电话", "联系地址"]
```

运行上述代码，创建的列表输出如下：

```
list1
['张三', '男', 18966666666, '东方路 666 号']
list2
[91, 78, 83, 85, 82, 129, 116]
list3
['客户姓名', '客户性别', '联系电话', '联系地址']
```

列表的索引与字符串的索引一样，也是从0开始的，也可以进行截取、组合等操作。例如，我们截取list3中索引从1到3但不包含索引为3的字符串，代码如下：

```
list3[1:3]
```

输出结果如下：

```
['客户性别', '联系电话']
```

可以对列表的数据项进行修改或更新，例如将列表list1中索引为1的元素"男"改为"女"。首先查看索引为1的元素，代码如下：

```
list1[1]
```

输出结果如下：

```
男
```

再修改列表的元素，代码如下：

```
list1[1] = '女'
list1
```

输出结果如下：

```
['张三', '女', 18966666666, '东方路 666 号']
```

可以使用del语句来删除列表中的元素，代码如下：

```
del list1[1]
list1
```

输出结果如下：

```
['张三', 18966666666, '东方路 666 号']
```

也可以使用append()方法在列表尾部添加列表项，代码如下：

```
list1.append(29)
list1
```

输出结果如下：

```
['张三', 18966666666, '东方路 666 号', 29]
```

此外，还可以使用insert()方法在中间指定的位置之前添加列表项，代码如下：

```
list1.insert(1,'男')
list1
```

输出结果如下：

```
['张三', '男', 18966666666, '东方路 666 号', 29]
```

2.1.4　元组

Python的元组（Tuple）与列表类似，不同之处在于元组的元素不能被修改。注意元组使用小括号表示，而列表使用方括号表示。元组的创建很简单，只需要在括号中添加元素，并使用逗号隔开即可。

例如，创建3个门店有效客户的元组，其中tup1为客户张三的个人信息，tup2为一周有效客户的数量，tup3为客户信息表的主要字段，代码如下：

```
tup1 = ('张三', '男', 18966666666, '东方路 666 号')
tup2 = (91, 78, 83, 85, 82, 129, 116)
tup3 = ("客户姓名", "客户性别", "联系电话", "联系地址")
```

运行上述代码，创建的元组输出如下：

```
tup1
('张三', '男', 18966666666, '东方路 666 号')

tup2
(91, 78, 83, 85, 82, 129, 116)

tup3
("客户姓名", "客户性别", "联系电话", "联系地址")
```

如果元组中只包含一个元素，那么需要在元素后面添加逗号，否则括号会被当作运算符使用，示例如下：

```
tup4 = (29,)
tup4
(29,)

tup5 = (29)
tup5
29
```

元组的索引与字符串的索引一样，也是从0开始，也可以进行截取、组合等操作。例如，我们截取tup3中索引从1到3但不包含索引为3的元素，代码如下：

```
tup3[1:3]
```

输出结果如下：

```
('客户性别', '联系电话')
```

在Python中，也可以通过"+"实现对元组的连接，运算后会生成一个新的元组，代码如下：

```
tup6 = tup1 + tup4
tup6
```

输出结果如下：

```
('张三', '男', 18966666666, '东方路 666 号', 29)
```

注意，元组中的元素是不允许修改和删除的，例如修改元组tup6中第3个元素的值，代码如下：

```
tup6[2] = 18988888888
```

会输出如下错误信息：

```
-----------------------------------------------------------------------------
TypeError                     Traceback (most recent call last)
Cell In[45], line 1
----> 1 tup6[2] = 18988888888
TypeError: 'tuple' object does not support item assignment
```

2.1.5 集合

集合（Set）是一个无序的不重复元素序列，可以使用大括号或者set()函数创建，注意创建一个空集合必须使用set()，因为{}是用来创建一个空字典的。创建集合的格式如下：

```
parame = {value01, value02, ...}
```

或者

```
set(value)
```

下面以客户购买商品为例介绍集合的去重功能，假设某客户周一分早晚两次在门店购买了6件商品，分别是中性笔、荧光笔、订书机、中性笔、胶水、计算器，这里有重复的商品中性笔，我们可以借助集合删除该重复值，代码如下：

```
order_mon = {'中性笔','荧光笔','订书机','中性笔','胶水','计算器'}
order_mon
```

输出结果如下：

```
{'中性笔', '胶水', '荧光笔', '计算器', '订书机'}
```

运行上述代码，可以看出已经删除了重复值，只保留了5种不同类型的商品名称。

集合的元素是无序的，因此打印输出的时候也是无序的。

例如，上述客户周三在门店购买了4件商品，分别是订书机、胶水、笔筒、会议牌，代码如下：

```
order_wed = {'订书机','胶水','笔筒','会议牌'}
order_wed
```

输出结果如下：

```
{'会议牌','胶水',  '笔筒', '订书机'}
```

我们还可以快速判断某个元素是否在某集合中，例如，判断该客户周一是否购买了"计算器"，代码如下：

```
'计算器' in order_mon
```

输出结果如下：

```
True
```

此外，Python中的集合与数学中的集合概念基本类似，也有交集、并集、差集和补集。

1. 集合的交集

例如，统计上述客户周一和周三都购买的商品，代码如下：

```
order_mon & order_wed
```

输出结果如下：

```
{'胶水', '订书机'}
```

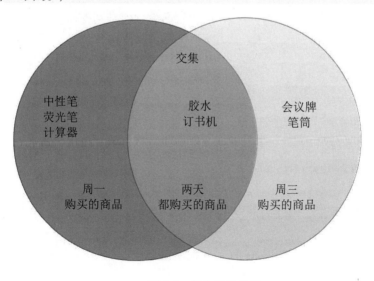

图 2-1　集合间的关系

2. 集合的并集

例如，统计该客户周一和周三购买的商品，代码如下：

```
order_mon | order_wed
```

输出结果如下：

```
{'中性笔', '会议牌', '笔筒', '胶水', '荧光笔', '计算器', '订书机'}
```

3. 集合的差集

例如，统计该客户在周一和周三不同时购买的商品，代码如下：

```
order_mon ^ order_wed
```

输出结果如下：

```
{'中性笔', '会议牌', '笔筒', '荧光笔', '计算器'}
```

4. 集合的补集

例如，统计该客户周一购买，而周三没有购买的商品，代码如下：

```
order_mon - order_wed
```

输出结果如下：

```
{'中性笔', '荧光笔', '计算器'}
```

2.1.6　字典

与列表、元组、集合类似，字典（Dictionary）也是一种可变容器，且可存储任意类型的对象。字典的每个键–值对用冒号分隔，每个键–值对之间用逗号分隔，整个字典包括在花括号中，格式如下：

```
dict = {key1:value1, key2:value2}
```

注意，键–值对中的键必须是唯一的，但是值可以不唯一，且数值可以取任意数据类型，但键必须是不可变的，例如创建3个字符串或数字字典，代码如下：

```
dict1 = {'客户数量': 91}
dict2 = {'客户数量': 91, 2023:6}
dict3 = {'客户姓名':'张三','客户性别':'男','联系电话':18966666666,'联系地址':'东方路666号'}
```

运行上述代码，创建的字典输出如下：

```
dict1
{'客户数量': 91}

dict2
```

```
{'客户数量': 91, 2023: 6}
dict3
{'客户姓名': '张三', '客户性别': '男', '联系电话': 18966666666, '联系地址': '东方路666号'}
```

在Python中，访问字典中的值需要把相应的键放入方括号中，例如获取客户的联系地址，代码如下：

```
dict3['联系地址']
```

输出结果如下：

```
'东方路666号'
```

在Python中，当访问字典中的值时，如果字典中没有该键，那么程序会报错，代码如下：

```
dict3['客户年龄']
```

会输出如下的错误信息：

```
---------------------------------------------------------------------------
KeyError                    Traceback (most recent call last)
Cell In[18], line 1
----> 1 dict3['客户年龄']
KeyError: '客户年龄'
```

在Python中，还可以向已有字典中添加新内容，方法是增加新的键-值对，也可以修改字典已有键-值对中的值，例如，向字典dict2中添加键"客户年龄"，并修改键"2023"中的值为8，代码如下：

```
dict2['客户年龄'] = 29
dict2[2023] = 8
dict2
```

输出结果如下：

```
{'客户数量': 91, 2023: 8, '客户年龄': 29}
```

在Python中，能够删除字典中的单一元素，也能清空和删除字典，例如要删除字典dict2中的键"2023"，然后清空字典，最后删除字典。输入代码如下：

```
del dict2[2023]
dict2
```

输出结果如下：

```
{'客户数量': 91, '客户年龄': 29}
```

可以使用clear()方法清空字典，代码如下：

```
dict2.clear()
dict2
```

输出结果如下:

```
{}
```

使用del()方法删除字典后,再调用该字典,将会显示字典没有被定义的报错信息,代码如下:

```
del dict2
dict2
```

会输出如下错误信息:

```
---------------------------------------------------------------------------
NameError                         Traceback (most recent call last)
Cell In[28], line 1
----> 1 dict2
NameError: name 'dict2' is not defined
```

2.2 Python运算符和优先级

与其他程序语言类似,Python编程中也会涉及运算问题,这样就会用到运算符。本节介绍Python常见的运算符,希望读者掌握它们的含义及用法。

2.2.1 Python 运算符

Python运算符用于执行各种算术、逻辑和其他类型的计算,以下是Python编程中常用的运算符。

1. 算术运算符

常用的算术运算符有+(加)、−(减)、*(乘)、/(除)、%(取模)、**(幂),//(整数除法)。下面就%、**、//运算符举例说明。

- %运算符:%运算符用来计算两个数相除后的余数,例如 x % y 表示 x 除以 y 后的余数。下面是几个示例:

```
7 % 3 = 1
10 % 5 = 0
12 % 7 = 5
```

- **运算符:**运算符是用来计算一个数的指数次幂,例如 x ** b 表示 x 的 y 次幂。下面是几个示例:

```
3 ** 3 = 27
7 ** 2 = 49
```

```
4 ** 3 = 64
```

- //运算符：//运算符用来计算两个数相除后的整数部分，例如 x //y 表示 x 除以 y 后的整
  数部分。下面是几个示例：

```
7 // 3 = 2
20 // 5 = 4
11 //87 = 1
```

需要注意的是，整数除法得到的结果可能会向下取整，因为它只计算商的整数部分，小数
部分会被舍去。

2. 比较运算符

常用的比较运算符有>（大于）、<（小于）、==（等于）、!=（不等于）、>=（大于或等于）、
<=（小于或等于）。

3. 逻辑运算符

常用的逻辑运算符有and（与）、or（或）、not（非）。

- and 运算符：当两个表达式都是 True 时，它返回 True；否则返回 False。下面是几个示例：

```
True and True  # True
True and False # False
False and False # False
```

- or 运算符：当两个表达式至少有一个是 True 时，它返回 True；否则返回 False。下面是几
  个示例：

```
True or True   # True
True or False  # True
False or False # False
```

- not 运算符：将表达式的值进行取反，如果原始值为 True，则返回 False；如果原始值为 False，
  则返回 True。下面是几个示例：

```
not True  # False
not False # True
```

这些逻辑运算符在编程中非常有用，可以用于控制语句中的条件判断，比如 if 语句中的
条件判断。

4. 位运算符

常用的位运算符有&（按位与）、|（按位或）、^（按位异或）、~（按位取反）、<<（左移
位）、>>（右移位）。

位运算符是一种在二进制数位上进行操作的运算符。下面是位运算符的解释。

- &运算符：两个位都为 1 时，结果才为 1，否则为 0。

```
x = 5              # 二进制数为 101
y = 3              # 二进制数为 011
  print(x & y)     # 输出：1 （二进制为 001）
```

- |运算符：其中一位为 1 时，结果就为 1，否则为 0。

```
x = 5              # 二进制数为 101
y = 3              # 二进制数为 011
print(x |y)        # 输出：7 （二进制为 111）
```

- ^运算符：如果两个数相应位的值不同，则该位的结果为 1，否则为 0。

```
x = 5              # 二进制数为 101
y = 3              # 二进制数为 011
print(x ^ y)       # 输出：6 （二进制为 110）
```

- ~运算符：结果将二进制数的所有位取反，即 0 变 1，1 变 0。

```
x = 5              # 二进制数为 101
print(~x)          # 输出：-6
```

因为Python的二进制表示使用了补码，所以~x对应的二进制数为010（补码表示），即十进制数为2，然后将其取反为101，再转换成补码表示，即-6。

- <<运算符：操作数的各二进位全部左移若干位，相当于此数乘以 2 的移动次方。

```
x = 5              # 二进制数为 101
print(x << 2)      # 输出：20 （二进制数为 10100）
```

将二进制数101左移两位得到二进制数10100，即十进制数20。

- >>运算符：操作数的各二进位全部右移若干位，相当于此数除以 2 的移动次方。

```
x = 20             # 二进制数为 10100
print(x >> 2)      # 输出：5（二进制数为 101）
```

将二进制数10100右移两位得到二进制数101，即十进制数5。

5. 赋值运算符

赋值运算符用于给变量赋值。它们实现了将右侧操作数应用于左侧操作数并将结果分配给左侧操作数的功能。常用的位运算符有=（赋值）、+=（加等于）、-=（减等于）、*=（乘等于）、/=（除等于）、%=（取模等于）、**=（幂等于）、//=（取整除等于）、&=（按位与等于）、|=（按位或等于）、^=（按位异或等于）、>>=（右移等于）、<<=（左移等于）。

- =运算符：将右侧操作数的值赋给左侧操作数。
- +=运算符：等同于 x = x + y。
- -=运算符：等同于 x = x - y。
- *=运算符：等同于 x = x * y。
- /=运算符：等同于 x = x / y。

- %=运算符：等同于 x = x % y。
- **=运算符：等同于 x = x ** y。
- //=运算符：等同于 x = x // y。
- &=运算符：等同于 x = x & y。
- |=运算符：等同于 x = x | y。
- ^=运算符：等同于 x = x ^ y。
- >>=运算符：等同于 x = x >> y。
- <<=运算符：等同于 x = x << y。

6. 条件运算符

条件运算符用于根据一个或多个条件对程序执行不同的代码块。Python中常见的条件运算符有if-else和if-elif-else。

1）if-else

该语句根据给定条件来执行代码块。如果条件为True，则执行if子句，并跳过else子句；如果条件为False，则执行else子句。示例如下：

```
x = 10
if x > 5:
    print("x 大于 5")
else:
    print("x 小于或等于 5")
```

以上示例输出x大于5。

2）if-elif-else

该语句包含多个条件，并在每个条件为False（所有条件为False）时提供一个备选行动方案。示例如下：

```
x = 10
if x == 5:
    print("x 等于 5")
elif x >5 and x <= 10:
    print("x 大于 5，小于或等于 10")
else:
    print("x 大于 10")
```

在上面的示例代码中，如果x等于5，那么将会输出"x等于5"。如果x大于5且小于或等于10，那么将输出"x大于5，小于或等于10"。如果x大于10，那么将输出"x大于10"。同时需要注意的是，if-elif-else语句是可以嵌套的。

7. 成员运算符

成员运算符in和not in用于检查一个值是否存在于某个序列中，即检查值是不是该序列的元素。

1）in 运算符

若指定的值在序列中找到，则返回True，否则返回False。示例如下：

```
fruits = ["apple", "banana", "cherry"]

if "apple" in fruits:
    print("apple 在水果列表中")
else:
    print("apple 不在水果列表中")
```

2）not in 运算符

若指定的值不存在于序列中，则返回True，否则返回False。示例如下：

```
fruits = ["apple", "banana", "cherry"]

if "orange" not in fruits:
    print("orange 不在水果列表中")
else:
    print("orange 在水果列表中")
```

在上面的示例中，in运算符用于检查列表fruits中是否包含字符串"apple"，结果为True，因此输出"apple在水果列表中"。而not in运算符则用于检查字符串"orange"是否不存在于列表fruits中，结果为True，所以输出"orange不在水果列表中"。

8. 身份运算符

身份运算符is和is not用于比较两个对象的内存地址，即判断两个对象是不是同一个对象。

1）is 运算符

若两个对象的内存地址相同，则返回True，否则返回False。示例如下：

```
x = ["apple", "banana", "cherry"]
y = ["apple", "banana", "cherry"]
z = x

if x is z:
    print("x 和 z 是同一个对象")
else:
    print("x 和 z 不是同一个对象")

if x is y:
    print("x 和 y 是同一个对象")
else:
    print("x 和 y 不是同一个对象")
```

在上面的示例中，我们首先定义了两个列表x和y，它们包含相同的元素。然后我们将x赋值给变量z。因为z和x引用的是同一个列表对象，所以x is z的结果为True。但是x和y引用的是不同的列表对象，所以x is y的结果为False。

2）is not 运算符

若两个对象的内存地址不同，则返回True，否则返回False。示例如下：

```python
x = ["apple", "banana", "cherry"]
y = ["apple", "banana", "cherry"]
z = x

if x is not z:
    print("x 和 z 不是同一个对象")
else:
    print("x 和 z 是同一个对象")

if x is not y:
    print("x 和 y 不是同一个对象")
else:
    print("x 和 y 是同一个对象")
```

在上面的示例中，is not和is的作用是相反的。因为z和x引用的是同一个列表对象，所以x is not z的结果为False。但是x和y引用的是不同的列表对象，所以x is not y 的结果为True。

2.2.2　运算符的优先级

Python运算符是一些用于执行各种算术和逻辑操作的特殊符号。通常，Python中的运算符及其优先级有以下特点：

- 一元操作符优先级最高，例如正号和负号。
- 先乘除，后加减，例如乘号和除号的优先级高于加号和减号。
- 同级运算符从左到右计算。

当然，代码中可以使用圆括号 "( )" 来调整计算的优先级，在具体计算时可以改变运算符的优先级。

Python中的运算符优先级从高到低依次为：

（1）圆括号：()。

（2）幂运算：**。

（3）一元运算符：~、+、-。

（4）乘、除、模、整除：*、/、%、//。

（5）加、减：+、-。

（6）移位运算：>>、<<。

（7）位运算符：&、|、^。

（8）比较运算符：>、>=、<、<=、==、!、=。

（9）逻辑运算符：not、and、or。

优先级

以下举例说明。

（1）加号和减号：

```
x = 5
y = 3

print(x + y)              # 输出: 8
print(x - y)              # 输出: 2
```

（2）乘号和除号：

```
x = 6
y = 3

print(x * y)              # 输出: 18
print(x / y)              # 输出: 2.0
```

（3）取模运算：

```
x = 7
y = 3

print(x % y)              # 输出: 1
```

（4）乘方运算：

```
x = 2
y = 3

print(x ** y)             # 输出: 8
```

（5）比较运算符：

```
x = 5
y = 3

print(x > y)              # 输出: True
print(x < y)              # 输出: False
print(x == y)             # 输出: False
```

（6）逻辑运算符：

```
x = 5
y = 3

print(x > 3 and y < 6)    # 输出: True
print(x > 3 or y > 6)     # 输出: True
print(not(x > 3))         # 输出: False
```

2.3　Python语法基础

前面我们介绍的程序代码都是按顺序执行的，也就是先执行第1条语句，然后是第2条语句、第3条语句，以此类推，一直到最后一条语句，这称为顺序结构。但是很多情况下，仅有顺序结构的代码是远远不够的，Python程序还会涉及条件判断和循环执行等较为复杂的情况，这些也是Python程序经常遇到的语法结构。本节介绍条件语句、循环语句和格式化语句及其使用。

2.3.1　条件语句：if 及 if 嵌套

在Python中，可以使用if else语句对条件进行判断，然后根据不同的结果执行不同的代码，此结构称为选择结构或者分支结构。

比如一个程序限制了只能成年人使用，儿童没有权限使用。这时程序就需要做出判断，看用户是不是成年人（年龄满18周岁），并给出提示。

Python中的if else语句可以细分为3种形式，分别是if语句、if else语句和if嵌套语句，它们的执行流程如图2-2～图2-4所示。

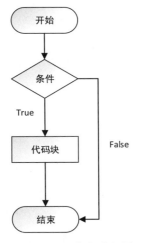

图 2-2　if 语句的流程图

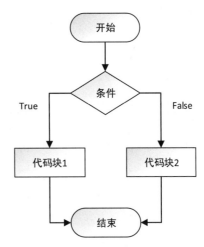

图 2-3　if else 语句的流程图

例如，在门店销售业绩考核中，通常会对业绩分等级，这种情况就可以使用if嵌套语句实现，代码如下：

```python
order_sale = 84

if order_sale < 60:
    print("业绩不达标")
else:
    if order_sale <= 75:
        print("业绩一般")
```

```
    else:
        if order_sale <= 85:
            print("业绩良好")
        else:
            print("业绩优秀")
```

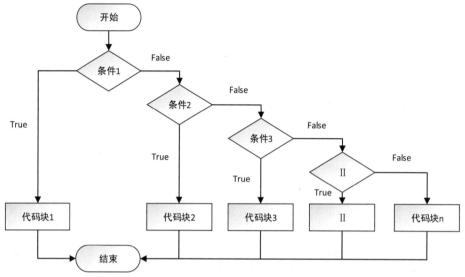

图 2-4　if 嵌套语句的流程图

输出结果如下：

业绩良好

当然，这个需求还有很多实现方法，这里就不再逐一列出了。

2.3.2　循环语句：while 与 for

在Python中，while循环和if条件分支语句类似，即在条件（表达式）为真的情况下，会执行相应的代码块。不同之处在于，只要条件为真，while就会一直重复执行代码块。

while语句的语法格式如下：

```
while 条件表达式：
    代码块
```

这里的代码块指的是缩进格式相同的多行代码，不过在循环结构中，它又称为循环体。while语句执行的具体流程为：首先判断条件表达式的值，其值为真（True）时，则执行代码块中的语句，当执行完毕后，再回过头来重新判断条件表达式的值是否为真，若仍为真，则继续重新执行代码块，如此循环，直到条件表达式的值为假（False），才终止循环。while循环结构的流程图如图2-5所示。

在Python中，for循环是使用比较频繁的，常用于遍历字符串、列表、元组、字典、集合等序列类型，用于逐个获取序列中的元素。

for循环的语法格式如下：

```
for 迭代变量 in 变量:
    代码块
```

其中，迭代变量用于存放从序列类型变量中读取出来的元素，所以一般不会在循环中对迭代变量手动赋值，"代码块"指的是具有相同缩进格式的多行代码（和while一样），由于和循环结构联用，因此又称为循环体。for循环结构的流程图如图2-6所示。

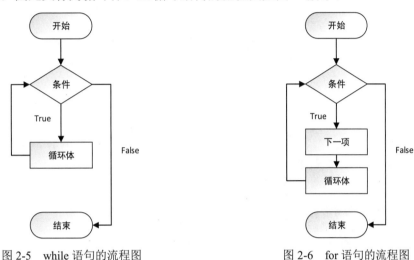

图 2-5　while 语句的流程图　　　　图 2-6　for 语句的流程图

下面介绍如何使用while循环输出九九乘法表，代码如下所示。

```
i = 1
while i<=9:
    j = 1
    while j <= i:
        print('%d*%d=%2d\t'%(i,j,i*j),end='')
        j+=1
    print()
    i +=1
```

运行上述代码，输出结果如下：

```
1*1= 1
2*1= 2   2*2= 4
3*1= 3   3*2= 6   3*3= 9
4*1= 4   4*2= 8   4*3=12   4*4=16
5*1= 5   5*2=10   5*3=15   5*4=20   5*5=25
6*1= 6   6*2=12   6*3=18   6*4=24   6*5=30   6*6=36
7*1= 7   7*2=14   7*3=21   7*4=28   7*5=35   7*6=42   7*7=49
8*1= 8   8*2=16   8*3=24   8*4=32   8*5=40   8*6=48   8*7=56   8*8=64
9*1= 9   9*2=18   9*3=27   9*4=36   9*5=45   9*6=54   9*7=63   9*8=72   9*9=81
```

也可以使用for循环输出九九乘法表，代码如下：

```
for i in range(1, 10):
    for j in range(1, i + 1):
        print(j, '*', i, '=', i * j, end="\t")
    print()
```

当然九九乘法表还有很多其他实现方法，这里就不再详细阐述了。

2.3.3 格式化：format 与%

在Python中，可以使用format函数和%对字符串进行格式化，以输出特定格式的字符串。下面重点讲解format()函数及其使用方法。

1．利用 f+strings 进行格式化

在Python 3.6中加入了一个新特性：f+strings，可以直接在字符串的前面加上f来格式化字符串，例如输出"2023年5月南京路店的销售额是965.08万元。"的代码如下：

```
store = '南京路店'
sales = 965.08
s = f'2023 年 5 月{store}的销售额是{sales}万元。'
print(s)
```

输出结果如下：

2023 年 5 月南京路店的销售额是 965.08 万元。

2．利用位置进行格式化

可以通过索引来直接使用*号将列表打散，通过索引来取值，例如输出"2023年5月南京路店的销售额是965.08万元，利润额是39.01万元。"的代码如下：

```
sales = ['南京路店',965.08,39.01]
s = '2023 年 5 月{0}的销售额是{1}万元，利润额是{2}万元。'.format(*sales)
print(s)
```

输出结果如下：

2023 年 5 月南京路店的销售额是 965.08 万元，利润额是 39.01 万元。

3．利用关键字进行格式化

也可以通过**号将字典打散，通过键（key）来取值，例如输出"2023年5月南京路店的销售额是965.08万元，利润额是39.01万元。"的代码如下：

```
d = {'store':'南京路店','sales':965.08,'profit':39.01}
s = '2023 年 5 月{store}的销售额是{sales}万元，利润额是{profit}万元。'.format(**d)
print(s)
```

输出结果如下：

2023 年 5 月南京路店的销售额是 965.08 万元，利润额是 39.01 万元。

4．利用下标进行格式化

还可以利用下标 + 索引的方法进行格式化，例如输出"2023年5月南京路店的销售额是965.08万元，利润额是39.01万元。"的代码如下：

```
sales = ['南京路店',965.08,39.01]
s = '2023年5月{0[0]}的销售额是{0[1]}万元,利润额是{0[2]}万元。'.format(sales) print(s)
```

代码输出结果如下：

2023 年 5 月份南京路店的销售额是 965.08 万元,利润额是 39.01 万元。

5．利用精度与类型进行格式化

精度与类型可以一起使用，格式为{ :.nf} .format(数字)，其中.n表示保留n位小数，对于整数直接保留固定位数的小数位，例如输出3.14和26.00的代码如下：

```
pi = 3.14159265359
print('{:.2f}'.format(pi))

age = 26
print('{:.2f}'.format(age))
```

输出结果如下：

```
3.14
26.00
```

6．利用千分位分隔符格式化

"{:,}".format()函数中的冒号加逗号可以将一个数字每三位用逗号进行分隔，例如输出截至2021年底的全世界人口数据7,888,408,686的代码如下：

```
print("{:,}".format(7888408686))
```

输出结果如下：

```
7,888,408,686
```

2.4　Python的函数

函数是一段代码块，通常是为了执行特定的任务或计算特定的值。在编程过程中调用函数可以避免编写重复代码，提高编程效率，因此掌握函数的概念和用法很重要。

2.4.1　函数的概念及使用

与其他编程语言类似，Python中包括数学函数、随机数函数、三角函数等。表2-3列举了一些常用的数学函数。

表 2-3　常用的数学函数

序　号	函 数 名	说　　明
1	ceil(x)	返回数字的上入整数，如math.ceil(4.1)返回5
2	exp(x)	返回e的x次幂(ex)，如math.exp(1)返回2.718281828459045
3	fabs(x)	返回数字的绝对值，如math.fabs(−10)返回10.0
4	floor(x)	返回数字的下舍整数，如math.floor(4.9)返回4
5	log(x)	如math.log(math.e)返回1.0，math.log(100,10)返回2.0
6	log10(x)	返回以10为基数的x的对数，如math.log10(100)返回 2.0
7	modf(x)	返回x的整数部分与小数部分，数值符号与x相同
8	pow(x, y)	返回x**y运算后的值
9	sqrt(x)	返回数字x的平方根

例如，我们要返回数值圆周率近似值3.1415926的整数部分和小数部分。在Python中，数学运算常用的函数在math模块中，因此首先需要导入math模块，然后使用其中的modf()函数提取整数部分和小数部分。

程序代码如下：

```
import math
math.modf(3.1415926)
```

输出结果如下：

```
(0.14159260000000007, 3.0)
```

可以看出，3.1415926的整数部分是3.0，小数部分是0.14159260000000007，注意这里不是0.1415926，这是因为Python默认的是数值计算，而不是符号计算，其中数值计算是近似计算，而符号计算则是绝对精确的计算。

我们可以通过函数来传递参数，也可以利用函数返回结果。

下面是一个简单的Python函数的例子：

```
def add_numbers(x, y):
    result = x + y
    return result
```

这个函数的名称是add_numbers，有两个参数x和y。它计算输入参数的和，并将结果赋给一个叫result的变量。最后，它通过使用return语句返回结果。现在，我们可以使用这个函数来计算任意两个数字的和：

```
sum = add_numbers(3, 5)
print(sum)
```

这将输出8，因为add_numbers函数将3和5相加并返回结果8。

在编程中可以随时调用函数实现想要的结果，比如，以下例子调用了内置函数len()：

```
string = "Hello World"
length = len(string)
print(length)
```

这个函数接收一个参数，返回给定序列或字符串的长度，从而输出11，因为字符串的长度为11。

2.4.2　数据分析中的常用函数

在Python中，函数可以根据其功能分为多种类型，最常见的有两种，一种是内置函数，是Python已经定义好并集成到解释器中的函数，例如print()、len()、type()等；另一种是用户定义函数，是由用户在程序中定义和实现的函数。本小节主要介绍几个在数据分析中常用的内置函数。有关自定义函数，读者可以参考相关资料，本书不做介绍。

1. map()函数：数组迭代

map()是一个内置函数，它接收两个参数，一个是函数，另一个是迭代器（Iterable）。map()函数将传入的函数依次作用到序列的每一个元素上，并把结果作为新的迭代器，返回结果。

例如，求一个数值型列表中各个数值的立方，返回的还是列表，就可以使用map()函数实现，代码如下：

```
def f(x):
    return x**3
r = map(f, [1, 2, 3, 4, 5, 6, 7, 8, 9])
list(r)
```

输出结果如下：

```
[1, 8, 27, 64, 125, 216, 343, 512, 729]
```

map()函数传入的第一个参数是f，即函数对象本身。由于结果r是一个迭代器，迭代器是惰性序列，即表达式和变量绑定，你不主动遍历它，就不会计算其中元素的值。因此，通过list()函数可以让它把整个序列都计算出来并返回一个列表。

其实，这里可以不使用map()函数，使用循环也可以实现，代码如下：

```
def f(x):
    return x**3
S = []
for i in [1, 2, 3, 4, 5, 6, 7, 8, 9]:
    S.append(f(i))
print(S)
```

输出结果如下：

```
[1, 8, 27, 64, 125, 216, 343, 512, 729]
```

map()函数把运算规则抽象化，因此，我们不但可以计算简单的f(x)=x**3，还可以计算任意复杂的函数，例如把列表中所有的数字转为字符串，代码如下：

```
list(map(str,[1, 2, 3, 4, 5, 6, 7, 8, 9]))
```

输出结果如下：

```
['1', '2', '3', '4', '5', '6', '7', '8', '9']
```

从输出结果可以看出，列表中所有的数字都转为字符串了。

2. reduce()函数：序列累积

reduce()函数接收的参数有3个：函数f、列表list和可选的初始值，初始值的默认值是0。reduce()函数传入的函数f必须接收两个参数，对列表list的每个元素反复调用函数f，并返回最终计算结果。

例如，计算列表[1, 2, 3, 4, 5]中所有数值的和，初始值是100，代码如下：

```
from functools import reduce
list_a = [1,2,3,4,5]
def fn(x, y):
    return x + y
total = reduce(fn,list_a,100)
print(total)
```

输出结果如下：

```
115
```

此外，还可以使用lambda函数进一步简化程序，代码如下：

```
from functools import reduce
list_a = [1,2,3,4,5]
total = reduce(lambda x,y:x+y ,list_a,100)
print(total)
```

输出结果如下：

```
115
```

3. filter()函数：数值过滤

filter()函数用于过滤数据序列，与map()函数类似，filter()函数也需要接收一个函数和一个序列。与map()函数不同的是，filter()函数把传入的函数依次作用于每一个元素，然后根据返回值是True还是False决定保留还是丢弃该元素。

例如，利用filter()函数过滤出1～100中平方根是整数的数，代码如下：

```
import math
def is_sqr(x):
    return math.sqrt(x) % 1 == 0
print(list(filter(is_sqr, range(1, 101))))
```

输出结果如下：

```
[1, 4, 9, 16, 25, 36, 49, 64, 81, 100]
```

其中，math.sqrt()函数是求平方根的函数。

此外，filter()函数还可以处理缺失值等，例如，将一个序列中的空字符串和None都删除，代码如下所示。

```
def day(s):
    return s and s.strip()
list(filter(day, ['order_mon','','order_wed',None,'order_fri',' ']))
```

输出结果如下：

```
['order_mon', 'order_wed', 'order_fri']
```

从输出结果可以看出，使用filter()函数关键在于正确实现一个筛选函数。

> **提示**　filter()函数返回的是一个迭代器，也就是一个惰性序列，计算结果需要用list()函数获得所有结果并返回列表。

4. sorted()函数：列表排序

排序是程序中经常用到的算法。无论使用冒泡排序还是快速排序，排序的核心是比较两个元素的大小。如果是数字，我们可以直接比较，但如果是字符串或者两个字典，直接比较数学上的大小是没有意义的，因此比较的过程必须通过函数抽象出来。

sorted()函数可以对list进行排序，代码如下：

```
sorted([12, 2, -2, 8, -16])
```

输出结果如下：

```
[-16, -2, 2, 8, 12]
```

此外，sorted()函数也是一个高阶函数，可以接收一个key函数来实现自定义的排序，例如按绝对值大小排序，代码如下：

```
sorted([12, 2, -2, 8, -16],key=abs)
```

输出结果如下：

```
[2, -2, 8, 12, -16]
```

key指定的函数将作用于列表的每一个元素上，并根据key函数返回的结果进行排序。

我们再看一个字符串排序的例子，代码如下：

```
sorted(['Month', 'year', 'Day', 'hour'])
```

输出结果如下：

```
['Day', 'Month', 'hour', 'year']
```

默认情况下，对字符串排序是按照ASCII码的大小排序的，大写字母会排在小写字母的前面。

现在，我们提出排序忽略大小写，按照字母顺序排序。要实现这个算法，不必对现有代码大加改动，只要我们能用一个key函数把字符串映射为忽略大小写排序即可。忽略大小写来比较两个字符串，实际上就是先把字符串都变成大写（或者都变成小写）再比较。

这样，我们给sorted()函数传入key函数，即可实现忽略大小写的排序，代码如下：

```
sorted(['Month', 'year', 'Day', 'hour'],key=str.lower)
```

输出结果如下：

```
['Day', 'hour', 'Month', 'year']
```

要进行反向排序，不必改动key函数，可以传入第3个参数reverse=True，代码如下：

```
sorted(['Month', 'year', 'Day', 'hour'], key=str.lower, reverse=True)
```

输出结果如下：

```
['year', 'Month', 'hour', 'Day']
```

2.5 本章小结

学习Python需要从数据类型、基础语法等开始，然后逐渐深入学习Python的高级语法和特性，例如列表、字典、元组、函数等。

本章详细介绍了Python程序的数据类型、运算符和优先级、基础语法、常用函数等基础知识，这是学习Python编程的必备基础，对于初次接触编程的读者来说，从Python入手学习编程是一个不错的选择。掌握了本章内容，使用Python的各种工具进行数据分析和可视化就会变得得心应手。

第 3 章

Pandas数据整理与清洗

在实际项目中，我们需要从不同的数据源中提取数据，这些数据往往并不规范，需要对其进行准确性检查、转换和合并整理，并载入数据库中，才能供应用程序分析和应用，这个过程就是数据整理和清洗，也称为数据准备，数据只有经过清洗、贴标签、注释和准备后，才能成为宝贵的资源。Pandas是为解决数据分析任务而创建的库，它提供了大量能使我们快速处理数据的函数和方法，本章将详细介绍如何使用Python的Pandas数据分析工具进行数据准备，包括数据的读取、索引、切片、排序、聚合、透视、合并等。

3.1 Pandas的概念与数据结构

本节我们先来介绍Pandas的基本概念与数据结构，了解Pandas的数据结构也是用Pandas处理数据的基础。

3.1.1 初识 Pandas

1. Pandas 简介

Pandas是基于NumPy构建的重要的数据分析Python包，提供快速、灵活、清晰的数据结构和数据分析工具。Pandas是"面板数据"的缩写，表示它是为面板数据设计的。所谓面板数据，是指含有两个以上的索引的二维数据。

Pandas作为Python重要的数据分析工具，配合NumPy、SciPy等模块可以完成大多数数据分析任务。其主要功能和特点如下：

（1）Pandas内置了简洁高效的数据结构，如Series和DataFrame。

（2）方便处理结构化和时间序列数据。

（3）提供数据载入和存储功能。

（4）针对行与列的数据筛选和切片。

（5）处理缺失数据功能强大，如填充、删除、插值等。

（6）聚合与分组运算简单且快速。

（7）与NumPy、SciPy、Matplotlib等科学计算生态圈集成良好。

2. 安装和导入 Pandas

Pandas可以通过多种方式安装，最简单的方法是使用conda或pip。

1）安装 Pandas

（1）使用conda安装：

```
conda install pandas
```

这个命令会自动安装Pandas和其依赖的NumPy等包。

（2）使用pip安装：

```
pip install pandas
```

pip也可以自动解析并安装依赖包。

2）导入 Pandas 模块

导入Pandas模块的标准方式：

```
import pandas as pd
```

这会将Pandas导入为pd别名。

3）检查 Pandas 版本

可以使用下面的代码检查已安装的Pandas版本：

```
import pandas as pd
print(pd.__version__)
```

这会打印Pandas的版本号，如1.1.5。

检查版本号可以确保我们安装的Pandas是最新版本，避免因版本过旧而出现不兼容的问题。

到此为止，我们已经完成了Pandas的安装和导入，以及版本检查，为后续的学习打下基础。

3.1.2 Pandas 的数据结构

Pandas有两种基本的数据结构，即Series类对象和DataFrame类对象。

1. Series 一维数据结构

Series是Pandas中用来表示一维数据的基本数据结构。它是由一组数据（各种NumPy数据类型）以及一组与之相关的数据标签（索引）组成的，Series的索引默认是整数0～N–1，如图3-1所示。

index	element
0	1
1	2
2	3
3	4
4	5

图 3-1　Series 的数据结构

注意　*Series 的索引位于左边，数据位于右边，且索引值可以重复。*

1）创建 Series

例1：

```
import numpy as np
import pandas as pd

s = pd.Series([1, 2, 3, 4])
```

s的结果是：

```
0   1
1   2
2   3
3   4
```

注意　*因为 Pandas 是建立在 NumPy 基础上的，所以在使用 Pandas 处理数据时，除需要导入 Pandas 模块外，还要导入 NumPy 模块。*

例2：

```
import pandas as pd
import numpy as np
s = pd.Series([1,2,3], index=['a','b','c'])
```

现在s的索引是a,b,c，即s的结果是：

```
a   1
b   2
c   3
```

Series对象的基本属性和方法如下。

● s.values：返回 Series 中的数组数据。

- s.index：返回索引标签。
- s.dtype：返回 Series 中的数据类型。
- s.size：返回元素个数。
- s.head()/s.tail()：返回前几个或后几个元素。
- ……

至此，读者应该对Series这一核心数据结构有了基本的了解。

2. DataFrame 二维数据结构

DataFrame是一个表格型的数据结构，它包含一组有序的列，每列可以是不同的值类型（数值、字符串、布尔值等）。DataFrame既有行索引，也有列索引。

1）创建 DataFrame

```python
import pandas as pd
data = {'name':['张三','李四','王五'],'age':[20,30,40]}
df = pd.DataFrame(data)
```

2）DataFrame 的索引

行索引默认为0～N-1，列索引就是数据中的列名。可以通过index和columns参数进行设置：

```python
df = pd.DataFrame(data, index=['a','b','c'], columns=['Name','Age'])
```

DataFrame的基本属性和方法如下。

- df.values：返回 ndarray 类型的所有数据。
- df.index：返回行索引。
- df.columns：返回列索引。
- df.dtypes：返回每列的数据类型。
- df.shape：返回（行数,列数）的元组。
- df.head/tail：返回前几行或后几行。
- ……

DataFrame比Series更加通用和灵活，是Pandas中更常用的数据结构。

3.2 数据的读取

在进行数据分析之前，需要准备"食材"，也就是数据，主要包括商品的属性数据、客户的订单数据、客户的退单数据等。本节将介绍如何使用Python读取本地离线数据、Web在线数据、数据库数据等各种存储形式的数据。

3.2.1　读取本地离线数据

本地离线文件通常指不需要联网，也不依赖于云服务的文件，可以在本地计算机上独立运行。离线文件包含在本地计算机上的文件，包括文档、电子表格等。

1．读取 TXT 文件数据

可以使用Pandas库中的read_table()函数直接读取TXT文件数据，代码如下：

```
import pandas as pd

data = pd.read_table('D:\\Python 数据可视化之 Matplotlib 与 Pyecharts 实战\\ch03
\\orders.txt', delimiter='\t', encoding='UTF-8')
print(data[['order_id','order_date','cust_id']])
```

在JupyterLab中运行上述代码，输出结果如下：

```
         order_id order_date    cust_id
0     CN-2022-103607 2022/12/31 Cust-20380
1     CN-2022-103618 2022/12/31 Cust-19345
2     CN-2022-103614 2022/12/31 Cust-13615
3     CN-2022-103617 2022/12/31 Cust-19345
4     CN-2022-103615 2022/12/31 Cust-19345
...              ...        ...        ...
9669  CN-2020-100005   2020/1/3 Cust-12490
9670  CN-2020-100008   2020/1/3 Cust-12490
9671  CN-2020-100009   2020/1/3 Cust-12490
9672  CN-2020-100002   2020/1/1 Cust-10555
9673  CN-2020-100001   2020/1/1 Cust-18715

[9674 rows x 3 columns]
```

2．读取 CSV 文件数据

可以使用Pandas库中的read_csv函数直接读取CSV文件数据，代码如下：

```
#连接 CSV 数据文件
import pandas as pd

data = pd.read_csv('D:\\Python 数据可视化之 Matplotlib 与 Pyecharts 实战\\ch03
\\orders.csv', delimiter=',', encoding='UTF-8')
print(data[['order_id','order_date','cust_type']])
```

在JupyterLab中运行上述代码，输出结果如下：

```
         order_id order_date cust_type
0     CN-2022-103607 2022/12/31      消费者
1     CN-2022-103618 2022/12/31       公司
2     CN-2022-103614 2022/12/31      消费者
```

```
3        CN-2022-103617   2022/12/31          公司
4        CN-2022-103615   2022/12/31          公司
...              ...            ...            ...
9669     CN-2020-100005   2020/1/3            公司
9670     CN-2020-100008   2020/1/3            公司
9671     CN-2020-100009   2020/1/3            公司
9672     CN-2020-100002   2020/1/1            公司
9673     CN-2020-100001   2020/1/1            公司

[9674 rows x 3 columns]
```

3. 读取 Excel 文件数据

使用Pandas库中的read_excel函数，可以直接读取Excel文件数据，包括XLS和XLSX两种格式，代码如下：

```
#连接 Excel 数据文件
import pandas as pd

data = pd.read_excel('D:\\Python 数据可视化之 Matplotlib 与 Pyecharts 实战\\ch03
\\orders.xlsx')
print(data[['order_id','order_date','product_id']])
```

在JupyterLab中运行上述代码，输出结果如下：

```
          order_id order_date      product_id
0     CN-2022-103607 2022-12-31  Prod-10004011
1     CN-2022-103618 2022-12-31  Prod-10003071
2     CN-2022-103614 2022-12-31  Prod-10001318
3     CN-2022-103617 2022-12-31  Prod-10002164
4     CN-2022-103615 2022-12-31  Prod-10002450
...              ...        ...            ...
9669  CN-2020-100005 2020-01-03  Prod-10000979
9670  CN-2020-100008 2020-01-03  Prod-10003153
9671  CN-2020-100009 2020-01-03  Prod-10000979
9672  CN-2020-100002 2020-01-01  Prod-10000928
9673  CN-2020-100001 2020-01-01  Prod-10004819

[9674 rows x 3 columns]
```

3.2.2　读取 Web 在线数据

Python也可以读取Web在线数据，这里选取的数据集是UCI上的红酒数据集，该数据集是对意大利同一地区种植的葡萄酒进行化学分析的结果，这些葡萄酒来自3个不同的品种，分析确定了3种葡萄酒中每种葡萄酒含有的13种成分的含量。

不同种类的酒品，它的成分也有所不同，通过对这些成分的分析就可以对不同的特定的葡萄酒进行分类分析，原始数据集共有178个样本、3种数据类别，每个样本有13个属性。

读取红酒在线数据集的代码如下：

```
#导入相关库。注意，由于 Pandas 是建立在科学计算库 NumPy 的基础上的，因此使用 Pandas 库必须导
入 NumPy 库
import numpy as np
import pandas as pd
import urllib.request

url = 'http://archive.ics.uci.edu//ml//machine-learning-databases//wine //wine.data'

raw_data = urllib.request.urlopen(url)
dataset_raw = np.loadtxt(raw_data, delimiter=",")
df = pd.DataFrame(dataset_raw)
print(df.head())
```

在JupyterLab中运行上述代码，输出结果如下：

	0	1	2	3	4	5	6	7	8	9	10	11	…
0	1.0	14.23	1.71	2.43	15.6	127.0	2.80	3.06	0.28	2.29	5.64	…	
1	1.0	13.20	1.78	2.14	11.2	100.0	2.65	2.76	0.26	1.28	4.38	…	
2	1.0	13.16	2.36	2.67	18.6	101.0	2.80	3.24	0.30	2.81	5.68	…	
3	1.0	14.37	1.95	2.50	16.8	113.0	3.85	3.49	0.24	2.18	7.80	…	
4	1.0	13.24	2.59	2.87	21.0	118.0	2.80	2.69	0.39	1.82	4.32	…	

3.2.3　读取常用数据库的数据

大量企业数据存储在数据库中，因此，读者应该掌握如何从这些数据库中读取数据并对其
进行分析。

1．读取 MySQL 数据库中的数据

Python可以直接读取MySQL数据库数据，连接之前需要安装第三方pymysql包。例如，统
计汇总数据库orders表中2022年不同类型商品的销售额和利润额，代码如下：

```
#连接 MySQL 数据库
import pandas as pd
import pymysql

#读取 MySQL 数据
conn = pymysql.connect(host='192.168.93.128',port=3306,user='root',
password='root', db='sales',charset='utf8')
sql_num = "SELECT category,ROUND(SUM(sales/10000),2) as sales,
ROUND(SUM(profit/10000),2) as profit FROM orders where dt=2022 GROUP BY category"
data = pd.read_sql(sql_num,conn)
print(data)
```

在JupyterLab中运行上述代码，输出结果如下：

```
   category   sales   profit
0    办公类   186.74    5.29
1    家具类   214.35    4.96
2    技术类   192.00    5.05
```

2. 读取 SQL Server 数据库中的数据

Python可以直接读取SQL Server数据库数据，连接之前需要安装第三方pymssql包。例如，查询数据库orders表中2022年利润额在400元以上的所有订单，代码如下：

```
#连接 SQL Server 数据库
import pandas as pd
import pymssql

#读取 SQL Server 数据
conn = pymssql.connect(host='192.168.93.128',user='sa',password='Wren2014',
database='sales',charset='utf8')
sql_num = "SELECT order_id,sales,profit FROM orders where dt=2022 and profit>400"
data = pd.read_sql(sql_num,conn)
print(data)
```

在JupyterLab中运行上述代码，输出结果如下：

```
         order_id           sales        profit
0   CN-2022-103512    11270.559570    434.750000
1   CN-2022-103403     8537.900391    429.880005
2   CN-2022-103381    20981.519531    446.559998
3   CN-2022-103359    11914.839844    451.920013
4   CN-2022-103257    15206.519531    458.940002
...            ...             ...           ...
60  CN-2022-100434    10159.379883    425.890015
61  CN-2022-100298    13264.299805    473.279999
62  CN-2022-100251     9072.000000    407.890015
63  CN-2022-100138    10326.400391    408.290009
64  CN-2022-100029    10514.028320    472.329987

[65 rows x 3 columns]
```

3. 读取 Oracle 数据库中的数据

相对于MySQL、SQL Server数据库，Python读取Oracle数据库数据的流程较复杂，需要安装第三方cx_oracle包，还需要注意Python版本与Oracle版本的对应关系，以及数据库的权限配置等问题，例如连接数据库中的ORDERS表，代码如下：

```
import pandas as pd
import cx_Oracle
conn =cx_Oracle.connect('sales/Wren2014@192.168.93.128:1521/XEPDB1')
```

```
sql_num = '''SELECT "order_id","deliver_date","province" FROM SALES.ORDERS'''
data = pd.read_sql(sql_num,conn)
print(data)
```

在JupyterLab中运行上述代码，输出结果如下：

```
        order_id deliver_date  province
0    CN-2022-103518   2022-12-23      内蒙古
1    CN-2022-103511   2022-12-23       江西
2    CN-2022-103514   2022-12-23      内蒙古
3    CN-2022-103520   2022-12-25       湖北
4    CN-2022-103515   2022-12-23      内蒙古
...             ...          ...      ...
9669 CN-2020-100561   2020-04-21       吉林
9670 CN-2020-100563   2020-04-21       吉林
9671 CN-2020-100560   2020-04-21       吉林
9672 CN-2020-100564   2020-04-21       吉林
9673 CN-2020-100562   2020-04-21       吉林

[9674 rows x 3 columns]
```

3.2.4　读取 Hadoop 集群数据

Python借助impyla包，可以连接到Hadoop集群的Hive数据，下面具体介绍其步骤。
首先启动Hadoop集群和Hive的相关进程，主要步骤如下：

（1）启动Hadoop：

```
/home/dong/hadoop-2.5.2/sbin/start-all.sh
```

（2）在后台运行Hive：

```
nohup hive --service metastore > metastore.log 2>&1 &
```

（3）启动Hive的hiveserver2：

```
hive --service hiveserver2 &
```

（4）查看启动的进程，输入jps，确认已经启动了如图3-2所示的7个进程。

然后安装第三方包：impyla和thirftpy，如果安装包的时候报错，那么需要下载离线安装包后再进行安装，注意要与Python版本相匹配。

这样就能成功地安装PyHive了，测试代码如下：

图 3-2　查看启动的进程

```
import pandas as pd
from impala.dbapi import connect

conn = connect(host='192.168.93.137', port=10000, database='sales',user='root')
sql_num = 'select order_id,sales,amount,profit,rate from orders'
data = pd.read_sql(sql_num,conn)
print(data)
```

在JupyterLab中运行上述测试程序，输出结果如下：

```
        order_id     sales  amount   profit  rate
0    CN-2020-102953    68.600      1    2.726  3.97
1    CN-2020-102944  7225.680      4  363.520  5.03
2    CN-2020-102945   338.100      5    7.784  2.30
3    CN-2020-102946  2597.616      3  -22.270 -0.86
4    CN-2020-102937   284.760      2    9.666  3.39
...             ...       ...    ...      ...   ...
9669 CN-2022-100003  1607.340      3   59.560  3.71
9670 CN-2022-100004  3304.700      5  115.045  3.48
9671 CN-2022-100002   591.500      5   18.014  3.05
9672 CN-2022-100006    87.780      3    2.508  2.86
9673 CN-2022-100005  5288.850      3  -49.210 -0.93

[9674 rows x 5 columns]
```

3.3 数据的索引

索引是对数据中一列或多列的值进行排序的一种结构，使用索引可以快速访问数据中的特定信息。本节将介绍如何使用Python和Pandas创建索引、重构索引、调整索引等。

3.3.1 set_index()函数：创建索引

在创建索引之前，首先创建一个由4个门店销售业绩考核得分构成的数据集，代码如下：

```
import numpy as np
import pandas as pd
sales = {'季度':['第一季度','第一季度','第一季度','第二季度','第二季度','第二季度'],'区域':['华东','华北','华南','华东','华北','华南'],'长泰店':[90,92,88,94,92,87],'人民店':[91,85,89,92,88,82],'金寨店':[89,98,85,82,85,95],'临泉店':[96,90,83,85,99,80]}
sales_half = pd.DataFrame(sales)
sales_half
```

运行上述代码，创建的数据集如下：

	季度	区域	长泰店	人民店	金寨店	临泉店
0	第一季度	华东	90	91	89	96
1	第一季度	华北	92	85	98	90
2	第一季度	华南	88	89	85	83
3	第二季度	华东	94	92	82	85
4	第二季度	华北	92	88	85	99
5	第二季度	华南	87	82	95	80

使用index查看数据集的索引，默认是从0开始步长为1的数值索引，代码如下：

```
sales_half.index
```

输出结果如下：

```
RangeIndex(start=0, stop=6, step=1)
```

set_index()函数可以将其一列转换为行索引，例如将"区域"列转换为行索引，代码如下：

```
sales_half1 = sales_half.set_index(['区域'])
sales_half1
```

输出结果如下：

区域	季度	长泰店	人民店	金寨店	临泉店
华东	第一季度	90	91	89	96
华北	第一季度	92	85	98	90
华南	第一季度	88	89	85	83
华东	第二季度	94	92	82	85
华北	第二季度	92	88	85	99
华南	第二季度	87	82	95	80

set_index()函数还可以将其多列转换为行索引，例如将"季度"和"区域"列转换为行索引，代码如下：

```
sales_half2 = sales_half.set_index(['季度','区域'])
sales_half2
```

输出结果如下：

季度	区域	长泰店	人民店	金寨店	临泉店
第一季度	华东	90	91	89	96
	华北	92	85	98	90
	华南	88	89	85	83
第二季度	华东	94	92	82	85
	华北	92	88	85	99
	华南	87	82	95	80

默认情况下，索引列字段会从数据集中移除，但是通过设置drop参数也可以将其保留下来，代码如下：

```
sales_half.set_index(['季度','区域'],drop=False)
```

输出结果如下：

季度	区域	季度	区域	长泰店	人民店	金寨店	临泉店
第一季度	华东	第一季度	华东	90	91	89	96
	华北	第一季度	华北	92	85	98	90
	华南	第一季度	华南	88	89	85	83
第二季度	华东	第二季度	华东	94	92	82	85
	华北	第二季度	华北	92	88	85	99
	华南	第二季度	华南	87	82	95	80

3.3.2 unstack()函数：层次化索引

reset_index()函数的功能和set_index()函数刚好相反，层次化索引的级别会被转移到数据集中的列里面，代码如下：

```
sales_half1.reset_index()
```

输出结果如下：

	区域	季度	长泰店	人民店	金寨店	临泉店
0	华东	第一季度	90	91	89	96
1	华北	第一季度	92	85	98	90
2	华南	第一季度	88	89	85	83
3	华东	第二季度	94	92	82	85
4	华北	第二季度	92	88	85	99
5	华南	第二季度	87	82	95	80

可以通过unstack()方法对数据集进行重构，类似于pivot()方法，不同之处在于，unstack()方法是针对索引或者标签，即将列索引转成最内层的行索引；而pivot()方法则是针对列的值，即指定某列的值作为行索引，代码如下：

```
sales_half2 = sales_half.set_index(['季度','区域'])
sales_half2.unstack()
```

输出结果如下：

	长泰店			人民店			金寨店			临泉店		
区域	华东	华北	华南	华东	华北	华南	华东	华北	华南	华东	华北	华南
季度												
第一季度	90	92	88	91	85	89	89	98	85	96	90	83
第二季度	94	92	87	92	88	82	82	85	95	85	99	80

此外，stack()方法是unstack()方法的逆运算，代码如下：

```
sales_half2.unstack().stack()
```

输出结果如下：

季度	区域	长泰店	人民店	金寨店	临泉店
第一季度	华东	90	91	89	96
	华北	92	85	98	90
	华南	88	89	85	83
第二季度	华东	94	92	82	85
	华北	92	88	85	99
	华南	87	82	95	80

3.3.3 swaplevel()函数：调整索引

有时可能需要调整索引的顺序，此时可利用swaplevel()函数实现。swaplevel()函数接收两个级别的编号或名称，并返回一个互换了级别的新对象，例如对季度和区域的索引级别进行调整，代码如下：

```
sales_half2.swaplevel('季度','区域')
```

输出结果如下：

区域	季度	长泰店	人民店	金寨店	临泉店
华东	第一季度	90	91	89	96
华北	第一季度	92	85	98	90
华南	第一季度	88	89	85	83
华东	第二季度	94	92	82	85
华北	第二季度	92	88	85	99
华南	第二季度	87	82	95	80

3.4 数据的切片

在解决各种实际问题的过程中，经常会遇到从某个对象中提取部分数据的情况，切片操作可以完成这一任务。本节将介绍如何使用Python的Pandas库提取多列数据、多行数据、某个区域的数据等。

3.4.1 提取一列或多列数据

在介绍数据切片之前，首先创建一个由4个门店的销售业绩考评数据构成的数据集，代码如下：

```
import numpy as np
import pandas as pd
sales = {'长泰店': [90,92,88,94,92,87],'人民店': [91,85,89,92,88,82],'金寨店':
[89,98,85,82,85,95],'临泉店': [96,90,83,85,99,80]}
```

```
sales_half = pd.DataFrame(sales, index=['华东', '华北', '华南','东北','西南','西北'])
sales_half
```

运行上述代码，创建的数据集如下：

	长泰店	人民店	金寨店	临泉店
华东	90	91	89	96
华北	92	85	98	90
华南	88	89	85	83
东北	94	92	82	85
西南	92	88	85	99
西北	87	82	95	80

可以提取列表中的某一列数据，代码如下：

```
sales_half['长泰店']
```

输出结果如下：

```
华东    90
华北    92
华南    88
东北    94
西南    92
西北    87
Name: 长泰店, dtype: int64
```

可以提取列表中的某几列连续和不连续的数据，例如两列数据，代码如下：

```
sales_half[['长泰店','临泉店']]
```

输出结果如下：

	长泰店	临泉店
华东	90	96
华北	92	90
华南	88	83
东北	94	85
西南	92	99
西北	87	80

3.4.2 提取一行或多行数据

可以使用loc()和iloc()函数获取特定行的数据，其中，iloc()函数通过行号获取数据，而loc()函数通过行标签索引数据，例如提取第二行数据，代码如下：

```
sales_half.iloc[1]
```

输出结果如下：

```
长泰店    92
人民店    85
金寨店    98
临泉店    90
Name: 华北, dtype: int64
```

也可以提取几行数据，注意行号也是从0开始的，区间是左闭右开的，例如提取第三行到第五行的数据，代码如下：

```
sales_half.iloc[2:5]
```

输出结果如下：

	长泰店	人民店	金寨店	临泉店
华南	88	89	85	83
东北	94	92	82	85
西南	92	88	85	99

如果不指定iloc的行索引的初始值，那么默认从0开始，即第一行，代码如下：

```
sales_half.iloc[:3]
```

输出结果如下：

	长泰店	人民店	金寨店	临泉店
华东	90	91	89	96
华北	92	85	98	90
华南	88	89	85	83

3.4.3 提取指定区域的数据

使用iloc()函数还可以提取指定区域的数据，例如，提取第三行到第五行、第二列和第三列的数据，代码如下：

```
sales_half.iloc[2:5,1:3]
```

输出结果如下：

	人民店	金寨店
华南	89	85
东北	92	82
西南	88	85

此外，如果不指定区域中列索引的初始值，那么从第一列开始，代码如下。同理，如果不指定列索引的结束值，那么提取后面的所有列。

```
sales_half.iloc[2:5,:3]
```

输出结果如下：

	长泰店	人民店	金寨店
华南	88	89	85
东北	94	92	82
西南	92	88	85

3.5 数据的删除

Pandas有3个用来删除数据的函数：drop()、drop_duplicates()和dropna()，其中drop()函数用于删除行或列，drop_duplicates()函数用于删除重复数据，dropna()函数用于删除空值。本节将介绍如何删除多行数据、多列数据、指定对象等。

3.5.1 删除一行或多行数据

在介绍Pandas如何删除数据之前，先创建一个由4个门店的销售业绩考评数据构成的数据集，代码如下：

```
import numpy as np
import pandas as pd
sales = {'长泰店': [90,92,88,94,92,87],'人民店': [91,85,89,92,88,82],'金寨店':
[89,98,85,82,85,95],'临泉店': [96,90,83,85,99,80]}
sales_half = pd.DataFrame(sales, index=['华东', '华北', '华南','东北','西南','西北'])
sales_half
```

运行上述代码，创建的数据集如下：

	长泰店	人民店	金寨店	临泉店
华东	90	91	89	96
华北	92	85	98	90
华南	88	89	85	83
东北	94	92	82	85
西南	92	88	85	99
西北	87	82	95	80

drop()函数默认删除行数据，参数是行索引，例如删除一行数据，代码如下：

```
sales_half.drop('西北')
```

输出结果如下：

	长泰店	人民店	金寨店	临泉店
华东	90	91	89	96
华北	92	85	98	90

	长泰店	人民店	金寨店	临泉店
华南	88	89	85	83
东北	94	92	82	85
西南	92	88	85	99

还可以删除几行连续和不连续的数据，例如删除华南和西南的考评数据，代码如下：

```
sales_half.drop(['华南','西南'])
```

输出结果如下：

	长泰店	人民店	金寨店	临泉店
华东	90	91	89	96
华北	92	85	98	90
东北	94	92	82	85
西北	87	82	95	80

3.5.2　删除一列或多列数据

对于列数据的删除，可以通过设置参数axis=1实现（如果不设置参数axis，则drop()函数默认axis=0，即对行进行操作），例如删除人民店的考评数据，代码如下：

```
sales_half.drop('人民店',axis=1)
```

输出结果如下：

	长泰店	金寨店	临泉店
华东	90	89	96
华北	92	98	90
华南	88	85	83
东北	94	82	85
西南	92	85	99
西北	87	95	80

也可以通过设置axis='columns'实现删除列数据,例如删除长泰店和临泉店两个门店的考评数据，代码如下：

```
sales_half.drop(['长泰店','临泉店'],axis='columns')
```

输出结果如下：

	人民店	金寨店
华东	91	89
华北	85	98
华南	89	85
东北	92	82
西南	88	85
西北	82	95

此外，drop()函数的可选参数inplace默认为False，即不改变原数组。如果将值设定为True，则原数组直接被修改，代码如下：

```
sales_half.drop('人民店',axis=1,inplace=True)
sales_half
```

输出结果如下：

	长泰店	金寨店	临泉店
华东	90	89	96
华北	92	98	90
华南	88	85	83
东北	94	82	85
西南	92	85	99
西北	87	95	80

3.5.3 删除指定的列表对象

一般来说，我们不需要删除一个列表对象，因为列表对象出了作用域后会自动失效，但是如果想明确地删除整个列表，可以使用del语句，代码如下：

```
del sales_half
sales_half
```

输出结果如下：

```
---------------------------------------------------------------------------
NameError                                 Traceback (most recent call last)
Cell In[234], line 1
----> 1 sales_half
NameError: name 'sales_half' is not defined
```

显示错误信息，说明列表被删除。

3.6 数据的排序

排序的目的是将一组"无序"的数据序列调整为"有序"的数据序列，本节将介绍如何使用Pandas进行索引排序和数值排序等。

3.6.1 按行索引排序数据

在介绍使用Pandas进行数据排序之前，先创建一个由4个门店的销售业绩考评数据构成的数据集，代码如下：

```
import numpy as np
import pandas as pd
sales = {'长泰店': [90,92,88,94,92,87],'人民店': [91,85,89,92,88,82],'金寨店':
[89,98,85,82,85,95],'临泉店': [96,90,83,85,99,80]}
sales_half = pd.DataFrame(sales, index=['华东', '华北', '华南','东北','西南','西北'])
sales_half
```

运行上述代码，创建的数据集如下：

	长泰店	人民店	金寨店	临泉店
华东	90	91	89	96
华北	92	85	98	90
华南	88	89	85	83
东北	94	92	82	85
西南	92	88	85	99
西北	87	82	95	80

使用sort_index()函数对数据集按行索引进行排序，代码如下：

```
sales_half.sort_index()
```

输出结果如下：

	长泰店	人民店	金寨店	临泉店
东北	94	92	82	85
华东	90	91	89	96
华北	92	85	98	90
华南	88	89	85	83
西北	87	82	95	80
西南	92	88	85	99

3.6.2　按列索引排序数据

可以通过设置axis=1实现按列索引对数据集进行排序，代码如下：

```
sales_half.sort_index(axis=1)
```

输出结果如下：

	临泉店	人民店	金寨店	长泰店
华东	96	91	89	90
华北	90	85	98	92
华南	83	89	85	88
东北	85	92	82	94
西南	99	88	85	92
西北	80	82	95	87

默认是按升序排序的，但也可以按降序排序，参数ascending默认为True，即升序，如果设置为False就为降序，代码如下：

```
sales_half.sort_index(axis=1, ascending=False)
```

输出结果如下：

	长泰店	金寨店	人民店	临泉店
华东	90	89	91	96
华北	92	98	85	90
华南	88	85	89	83
东北	94	82	92	85
西南	92	85	88	99
西北	87	95	82	80

3.6.3　按一列或多列排序数据

使用sort_values()函数时，设置by参数，可以根据某一个列中的值进行排序。例如，根据人民店的考评数据进行升序排序，代码如下：

```
sales_half.sort_values(by='人民店', ascending=True)
```

输出结果如下：

	长泰店	人民店	金寨店	临泉店
西北	87	82	95	80
华北	92	85	98	90
西南	92	88	85	99
华南	88	89	85	83
华东	90	91	89	96
东北	94	92	82	85

如果要根据多个数据列中的值进行排序，那么by参数需要传入名称列表，代码如下：

```
sales_half.sort_values(by=['金寨店','临泉店'], ascending=False)
```

输出结果如下：

	长泰店	人民店	金寨店	临泉店
华北	92	85	98	90
西北	87	82	95	80
华东	90	91	89	96
西南	92	88	85	99
华南	88	89	85	83
东北	94	92	82	85

3.6.4　按一行或多行排序数据

对于行数据的排序，我们可以先转置数据集，然后按照上述列数据的排序方法进行排序即可，代码如下：

```
sales_halfT = sales_half.T
sales_halfT.sort_values(by=['华东','华南'], ascending=True)
```

输出结果如下：

	华东	华北	华南	东北	西南	西北
金寨店	89	98	85	82	85	95
长泰店	90	92	88	94	92	87
人民店	91	85	89	92	88	82
临泉店	96	90	83	85	99	80

3.7　数据的聚合

数据的聚合是指通过转换数据将每一个数组生成一个单一的数值，本节将介绍如何使用Pandas对数据按指定列聚合、多字段分组聚合和自定义聚合等。

3.7.1　level 参数：指定列聚合数据

在介绍Python数据聚合之前，先创建一个由4个门店的销售业绩考评数据构成的数据集，代码如下：

```
import numpy as np
import pandas as pd
sales = {'季度':['第一季度','第一季度','第一季度','第二季度','第二季度','第二季度'],'区域':['华东','华北','华南','华东','华北','华南'],'长泰店': [90,92,88,94,92,87],'人民店': [91,85,89,92,88,82],'金寨店': [89,98,85,82,85,95],'临泉店': [96,90,83,85,99,80]}
sales_half = pd.DataFrame(sales)
sales_half = sales_half.set_index(['季度','区域'])
sales_half
```

运行上述代码，创建的数据集如下：

季度	区域	长泰店	人民店	金寨店	临泉店
第一季度	华东	90	91	89	96
	华北	92	85	98	90
	华南	88	89	85	83
第二季度	华东	94	92	82	85

华北	92	88	85	99
华南	87	82	95	80

可以使用level参数选项指定在数据集的某个列上进行统计,例如统计每个门店在两个季度的平均考评数据,代码如下:

```
sales_half.groupby(level='季度').mean()
```

输出结果如下:

季度	长泰店	人民店	金寨店	临泉店
第一季度	90.0	88.333333	90.666667	89.666667
第二季度	91.0	87.333333	87.333333	88.000000

level参数不仅可以使用列名称,还可以使用列索引号,例如统计每个门店在每个区域的考评数据,代码如下:

```
sales_half.groupby(level=1).mean()
```

输出结果如下:

区域	长泰店	人民店	金寨店	临泉店
华东	92.0	91.5	85.5	90.5
华北	92.0	86.5	91.5	94.5
华南	87.5	85.5	90.0	81.5

3.7.2 groupby()函数:分组聚合

下面重新创建一个由3个门店在2021年和2022年前两个季度的销售业绩考评数据构成的数据集,代码如下:

```
import numpy as np
import pandas as pd
sales_half = {'年份':['2021年','2021年','2021年','2021年','2022年','2022年',
'2022年','2022年'],'季度':['第一季度','第一季度','第二季度','第二季度','第一季度','第一季度',
'第二季度','第二季度'],'区域':['华东','华北','华东','华北','华东','华北','华东','华北'],
'长泰店':[90,92,88,94,92,87,82,91],'人民店':[91,87,82,91,89,93,88,83],'金寨店':[89,
98,86,82,91,83,86,95]}
sales_half = pd.DataFrame(sales_half)
sales_half
```

运行上述代码,创建的数据集如下:

	年份	季度	区域	长泰店	人民店	金寨店
0	2021年	第一季度	华东	90	91	89
1	2021年	第一季度	华北	92	87	98
2	2021年	第二季度	华东	88	82	86
3	2021年	第二季度	华北	94	91	82

4	2022 年	第一季度	华东	92	89	91
5	2022 年	第一季度	华北	87	93	83
6	2022 年	第二季度	华东	82	88	86
7	2022 年	第二季度	华北	91	83	95

groupby()函数可以实现对多个字段的分组统计，例如统计不同年份每个门店在不同区域的考评数据，代码如下：

```
sales_half.groupby([sales_half['年份'],sales_half['区域']]).mean()
```

输出结果如下：

年份	区域	长泰店	人民店	金寨店
2021 年	华东	89.0	86.5	87.5
	华北	93.0	89.0	90.0
2022 年	华东	87.0	88.5	88.5
	华北	89.0	88.0	89.0

3.7.3　agg()函数：更多聚合指标

在Python中，计算描述性统计指标通常使用describe()函数，例如个数、平均值、标准差、最小值和最大值等，代码如下：

```
sales_half.describe()
```

输出结果如下：

	长泰店	人民店	金寨店
count	8.000000	8.000000	8.000000
mean	89.500000	88.000000	88.750000
std	3.779645	3.891382	5.650537
min	82.000000	82.000000	82.000000
25%	87.750000	86.000000	85.250000
50%	90.500000	88.500000	87.500000
75%	92.000000	91.000000	92.000000
max	94.000000	93.000000	98.000000

但是，如果要使用自定义的聚合函数，只需将统计指标传入aggregate()函数或agg()函数，例如这里定义的是sum、mean、max、min，代码如下：

```
sales_half.groupby([sales_half['年份'],sales_half['区域']]).agg(['sum',
'count','mean','max','min'])
```

输出结果如下：

年份	区域	长泰店				人民店				金寨店			
		sum	mean	max	min	sum	mean	max	min	sum	mean	max	min
2021 年	华东	178	89.0	90	88	173	86.5	91	82	175	87.5	89	86
	华北	186	93.0	94	92	178	89.0	91	87	180	90.0	98	82

2022 年	华东	174	87.0	92	82		177	88.5	89	88		177	88.5	91	86
	华北	178	89.0	91	87		176	88.0	93	83		178	89.0	95	83

3.8 数据透视

透视表是各类数据分析软件中一种常见的数据汇总工具。它根据一个或多个键对数据进行聚合，并根据行和列上的分组键将数据分配到各个矩形区域中。本节将介绍利用pivot_table()函数和crosstab()函数进行数据透视。

3.8.1 pivot_table()函数：数据透视

在Python中，可以通过前面介绍的groupby()函数重塑运算制作透视表。此外，Pandas中还有一个顶级的pivot_table()函数。

首先介绍Pandas库中的pivot_table()函数的参数，如表3-1所示。

表 3-1　pivot_table()函数

参　　数	说　　明
data	数据集
values	待聚合的列的名称，默认聚合所有数值列
index	用于分组的列名或其他分组键，出现在结果透视表的行
columns	用于分组的列名或其他分组键，出现在结果透视表的列
aggfunc	聚合函数或函数列表，默认为mean，可以是任何对groupby()函数有效的函数
fill_value	用于替换结果表中的缺失值
dropna	默认为True
margins_name	默认为ALL

接下来，我们介绍下面程序使用的数据集。众所周知，在某些国家的服务行业中，顾客会给服务员一定金额的小费，这里我们使用餐饮行业的客户小费数据集，它包括消费总金额（total_bill）、小费金额（tip）、顾客性别（sex）、顾客是否抽烟（smoker）、消费的星期（day）、消费的时间段（time）、用餐人数（size）7个字段，如表3-2所示。

表 3-2　客户小费数据集

total_bill	tip	sex	smoker	day	time	size
16.99	1.01	Female	No	Sun	Dinner	2
10.34	1.66	Male	No	Sun	Dinner	2
21.01	3.5	Female	No	Sun	Dinner	3
23.68	3.31	Male	No	Sun	Lunch	3
24.59	3.61	Female	No	Sun	Lunch	3
25.29	4.71	Male	No	Sat	Lunch	3

（续表）

total_bill	tip	sex	smoker	day	time	size
8.77	2.0	Male	No	Sat	Lunch	2
26.88	3.12	Female	No	Sat	Lunch	2
15.04	1.96	Female	No	Sat	Dinner	2
…	…	…	…	…	…	…

下面导入数据集，代码如下：

```
import pandas as pd
tips = pd.read_csv('D:/Python 数据可视化之 Matplotlib 与 Pyecharts 实战
/ch03/tips.csv',delimiter=',',encoding='UTF-8')
tips
```

运行上述代码，输出结果如下：

```
    total_bill  tip    sex     smoker  day   time    size
0   16.99       1.01   Female  No      Sun   Dinner  2
1   10.34       1.66   Male    No      Sun   Dinner  3
2   21.01       3.50   Male    No      Sun   Dinner  3
3   23.68       3.31   Male    No      Sun   Dinner  2
4   24.59       3.61   Female  No      Sun   Dinner  4
..  ...         ...    ...     ...     ...   ...     ...
239 29.03       5.92   Male    No      Sat   Dinner  3
240 27.18       2.00   Female  Yes     Sat   Dinner  2
241 22.67       2.00   Male    Yes     Sat   Dinner  2
242 17.82       1.75   Male    No      Sat   Dinner  2
243 18.78       3.00   Female  No      Thur  Dinner  2
244 rows × 7 columns
```

例如，想要根据sex和smoker计算分组平均数，并将sex和smoker放到行上，代码如下：

```
import pandas as pd
pd.pivot_table(tips,index = ['sex', 'smoker'])
```

运行上述代码，输出结果如下：

```
    sex    smoker  size      tip       total_bill
Female  No      2.592593  2.773519  18.105185
        Yes     2.242424  2.931515  17.977879
Male    No      2.711340  3.113402  19.791237
        Yes     2.500000  3.051167  22.284500
```

例如，想聚合tip和size，需要根据sex和day进行分组，将smoker放到列上，把sex和day放到行上，代码如下：

```
tips.pivot_table(values=['tip','size'],index=['sex', 'day'],columns='smoker')
```

运行上述代码，输出结果如下：

		size		tip	
smoker		No	Yes	No	Yes
Female	Fri	2.500000	2.000000	3.125000	2.682857
	Sat	2.307692	2.200000	2.724615	2.868667
	Sun	3.071429	2.500000	3.329286	3.500000
	Thur	2.480000	2.428571	2.459600	2.990000
Male	Fri	2.000000	2.125000	2.500000	2.741250
	Sat	2.656250	2.629630	3.256563	2.879259
	Sun	2.883721	2.600000	3.115349	3.521333
	Thur	2.500000	2.300000	2.941500	3.058000

可以对这个表进行进一步处理，例如传入margins=True添加加分小计，代码如下：

```
tips.pivot_table(values=['tip','size'], index=['sex',
'day'],columns='smoker',margins=True)
```

运行上述代码，输出结果如下：

		size			tip		
smoker		No	Yes	All	No	Yes	All
Female	Fri	2.500000	2.000000	2.111111	3.125000	2.682857	2.781111
	Sat	2.307692	2.200000	2.250000	2.724615	2.868667	2.801786
	Sun	3.071429	2.500000	2.944444	3.329286	3.500000	3.367222
	Thur	2.480000	2.428571	2.468750	2.459600	2.990000	2.575625
Male	Fri	2.000000	2.125000	2.100000	2.500000	2.741250	2.693000
	Sat	2.656250	2.629630	2.644068	3.256563	2.879259	3.083898
	Sun	2.883721	2.600000	2.810345	3.115349	3.521333	3.220345
	Thur	2.500000	2.300000	2.433333	2.941500	3.058000	2.980333
All		2.668874	2.408602	2.569672	2.991854	3.008710	2.998279

如果要使用其他的聚合函数，将其传给参数aggfunc即可。例如，使用len可以得到有关分组大小的交叉表，代码如下：

```
tips.pivot_table(values=['tip','size'],index=['sex',
'day'],columns='smoker',margins=True,aggfunc=len)
```

运行上述代码，输出结果如下：

		size			tip		
smoker		No	Yes	All	No	Yes	All
Female	Fri	2	7	9	2.0	7.0	9.0
	Sat	13	15	28	13.0	15.0	28.0
	Sun	14	4	18	14.0	4.0	18.0
	Thur	25	7	32	25.0	7.0	32.0
Male	Fri	2	8	10	2.0	8.0	10.0

```
        Sat    32   27   59      32.0   27.0   59.0
        Sun    43   15   58      43.0   15.0   58.0
        Thur   20   10   30      20.0   10.0   30.0
All            151  93   244     151.0  93.0   244.0
```

3.8.2　crosstab()函数：数据交叉

Pandas中的crosstab()函数是一类用于计算分组频率的特殊透视表，是一类特殊的pivot_table()函数。

例如，需要根据性别和是否吸烟对数据进行统计汇总，代码如下：

```
import pandas as pd
pd.crosstab(tips.sex, tips.smoker, margins=True)
```

运行上述代码，输出结果如下：

```
smoker    No   Yes   All
Female    54   33    87
  Male    97   60    157
  All    151   93    244
```

例如，需要根据性别、星期和是否吸烟对数据进行统计汇总，代码如下：

```
import pandas as pd
pd.crosstab([tips.sex, tips.day], tips.smoker, margins=True)
```

运行上述代码，输出结果如下：

```
        smoker   No   Yes   All
Female    Fri    2    7     9
          Sat    13   15    28
          Sun    14   4     18
          Thur   25   7     32
Male      Fri    2    8     10
          Sat    32   27    59
          Sun    43   15    58
          Thur   20   10    30
All              151  93    244
```

3.9　数据合并

数据合并就是将不同数据源或数据表中的数据整合到一起，本节将介绍横向合并merge()函数和纵向合并concat()函数在数据合并中的应用。

3.9.1 merge()函数：横向合并

Pandas对象中的数据可以通过一些方式进行合并：

- pandas.merge()函数根据一个或多个键将不同数据集中的行连接起来。
- pandas.concat()函数可以沿着某条轴将多个对象堆叠到一起。

在介绍数据合并之前，创建一个由3个门店的销售业绩考评数据构成的数据集，代码如下：

```
import numpy as np
import pandas as pd
sales = {'季度':['第一季度','第一季度','第二季度','第二季度'],'区域':['华东', '华北',
'华南','东北'],'长泰店': [90,92,88,94],'人民店': [91,85,89,92],'金寨店': [89,98,85,82]}
sales_half1 = pd.DataFrame(sales)
sales_half1
```

运行上述代码，创建的数据集如下：

	季度	区域	长泰店	人民店	金寨店
0	第一季度	华东	90	91	89
1	第一季度	华北	92	85	98
2	第二季度	华南	88	89	85
3	第二季度	东北	94	92	82

再创建一个由另外3个门店的销售业绩考评数据构成的数据集，代码如下：

```
import numpy as np
import pandas as pd
sales = {'季度':['第一季度','第一季度','第三季度','第三季度'],'区域':['华东', '华北',
'西南','西北'],'临泉店': [96,90,99,80],'海恒店': [91,85,88,82],'庐江店': [89,98,85,95]}
sales_half2 = pd.DataFrame(sales)
sales_half2
```

运行上述代码，创建的数据集如下：

	季度	区域	临泉店	海恒店	庐江店
0	第一季度	华东	96	91	89
1	第一季度	华北	90	85	98
2	第三季度	西南	99	88	85
3	第三季度	西北	80	82	95

使用merge()函数横向合并两个数据集，代码如下：

```
pd.merge(sales_half1, sales_half2)
```

输出结果如下：

	季度	区域	长泰店	人民店	金寨店	临泉店	海恒店	庐江店
0	第一季度	华东	90	91	89	96	91	89
1	第一季度	华北	92	85	98	90	85	98

如果没有指明使用哪个列连接，那么横向连接会重叠列的列名。可以通过参数on指定合并所依据的关键字段，例如指定区域，代码如下：

```
pd.merge(sales_half1, sales_half2, on='区域')
```

输出结果如下：

	季度_x	区域	长泰店	人民店	金寨店	季度_y	临泉店	海恒店	庐江店
0	第一季度	华东	90	91	89	第一季度	96	91	89
1	第一季度	华北	92	85	98	第一季度	90	85	98

由于演示的需要，下面再创建两个由3个门店的销售业绩考评数据构成的数据集，代码如下：

```
import numpy as np
import pandas as pd
sales_half3 = {'季度1':['第一季度','第二季度'],'区域':['华东', '华南'],'长泰店':
[90,92],'人民店': [91,85],'金寨店': [89,98]}
sales_half4 = {'季度2':['第一季度','第三季度'],'区域':['华东', '华南'],'海恒店':
[98,85],'临泉店': [90,83],'庐江店': [93,86]}
sales_half3 = pd.DataFrame(sales_half3)
sales_half4 = pd.DataFrame(sales_half4)
```

如果两个数据集中的关键字段名称不一样，那么需要使用left_on和right_on，代码如下：

```
pd.merge(sales_half3, sales_half4, left_on='季度1', right_on='季度2')
```

输出结果如下：

	季度1	区域_x	长泰店	人民店	金寨店	季度2	区域_y	海恒店	临泉店	庐江店
0	第一季度	华东	90	91	89	第一季度	华东	98	90	93

默认情况下，横向合并merge()函数使用的是内连接（inner），即输出的是两个数据集的交集。其他方式还有left、right以及outer，这个与数据库中的表连接基本类似，内连接代码如下：

```
pd.merge(sales_half1, sales_half2, on='区域', how='inner')
```

输出结果如下：

	季度_x	区域	长泰店	人民店	金寨店	季度_y	临泉店	海恒店	庐江店
0	第一季度	华东	90	91	89	第一季度	96	91	89
1	第一季度	华北	92	85	98	第一季度	90	85	98

左连接是左边的数据集不加限制，右边的数据集仅会显示与左边相关的数据，代码如下：

```
pd.merge(sales_half1, sales_half2, on='区域', how='left')
```

输出结果如下：

	季度_x	区域	长泰店	人民店	金寨店	季度_y	临泉店	海恒店	庐江店
0	第一季度	华东	90	91	89	第一季度	96.0	91.0	89.0
1	第一季度	华北	92	85	98	第一季度	90.0	85.0	98.0
2	第二季度	华南	88	89	85	NaN	NaN	NaN	NaN
3	第二季度	东北	94	92	82	NaN	NaN	NaN	NaN

右连接是右边的数据集不加限制，左边的数据集仅会显示与右边相关的数据，代码如下：

```
pd.merge(sales_half1, sales_half2, on='区域', how='right')
```

输出结果如下：

	季度_x	区域	长泰店	人民店	金寨店	季度_y	临泉店	海恒店	庐江店
0	第一季度	华东	90.0	91.0	89.0	第一季度	96	91	89
1	第一季度	华北	92.0	85.0	98.0	第一季度	90	85	98
2	NaN	西南	NaN	NaN	NaN	第三季度	99	88	85
3	NaN	西北	NaN	NaN	NaN	第三季度	80	82	95

外连接输出的是两个数据集的并集，组合了左连接和右连接的效果，代码如下：

```
pd.merge(sales_half1, sales_half2, on='区域', how='outer')
```

输出结果如下：

	季度_x	区域	长泰店	人民店	金寨店	季度_y	临泉店	海恒店	庐江店
0	第一季度	华东	90.0	91.0	89.0	第一季度	96.0	91.0	89.0
1	第一季度	华北	92.0	85.0	98.0	第一季度	90.0	85.0	98.0
2	第二季度	华南	88.0	89.0	85.0	NaN	NaN	NaN	NaN
3	第二季度	东北	94.0	92.0	82.0	NaN	NaN	NaN	NaN
4	NaN	西南	NaN	NaN	NaN	第三季度	99.0	88.0	85.0
5	NaN	西北	NaN	NaN	NaN	第三季度	80.0	82.0	95.0

3.9.2　concat()函数：纵向合并

在介绍纵向合并之前，先创建两个由4个门店的销售业绩考评数据构成的数据集，代码如下：

```
import numpy as np
import pandas as pd
sales_half5 = {'季度':['第一季度','第一季度','第一季度'],'区域':['华东', '华北',
'华南'],'长泰店': [90,92,88],'人民店': [91,85,89],'金寨店': [89,98,85],'临泉店':
[96,90,83]}
    sales_half6 = {'季度':['第二季度','第二季度','第二季度'],'区域':['华东', '华北',
'华南'],'长泰店': [94,92,87],'人民店': [92,88,82],'金寨店': [82,85,95],'临泉店':
[85,99,80]}
    sales_half5 = pd.DataFrame(sales_half5)
```

```
sales_half6 = pd.DataFrame(sales_half6)
```

使用concat()函数可以实现数据集的纵向合并，代码如下：

```
pd.concat([sales_half5, sales_half6])
```

输出结果如下：

	季度	区域	长泰店	人民店	金寨店	临泉店
0	第一季度	华东	90	91	89	96
1	第一季度	华北	92	85	98	90
2	第一季度	华南	88	89	85	83
0	第二季度	华东	94	92	82	85
1	第二季度	华北	92	88	85	99
2	第二季度	华南	87	82	95	80

3.10　本章小结

　　数据分析结果的好坏依赖于数据的好坏。通常数据集存在数据缺失、数据格式错误、错误数据或重复数据等问题，庆幸的是，Python中的Pandas库提供了功能强大的类库，无论数据处于什么状态，都可以帮助我们通过清洗数据、排序数据，最后得到清晰明了的数据。

　　掌握Python编程基础和语法后，还需要练习编程实例，使用Python库，并应用于实践项目中。要成为一个优秀的Python程序员，需要坚持不懈地学习和实践。

　　本章详细介绍了如何使用Pandas进行数据整理与清洗，包括数据的读取、索引、切片、删除、排序、聚合、透视、合并等常用技巧。

第 **4** 章

Python数据可视化库

Python具有强大的交互式网络可视化信息管理库的能力，如2D、3D信息可视化库Matplotlib、Seaborn等。本章将结合实际案例介绍Python的主要数据可视化库，包括Matplotlib、Pyecharts、Seaborn、Bokeh、HoloViews、Plotly、NetworkX等。

4.1 Matplotlib

4.1.1 Matplotlib 库简介

Matplotlib是一个比较重要的Python绘图库，它基于NumPy的数组运算功能，绘图功能非常强大，已经成为Python中公认的数据可视化工具，通过Matplotlib可以很轻松地画一些或简单或复杂的图形，几行代码即可生成线图、直方图、功率谱、条形图、误差图、散点图等。

Python绘图库众多，各有特点，但是Maplotlib是最基础的Python可视化库，如果需要学习Python数据可视化，那么Maplotlib非学不可，之后再学习其他库进行纵横向的拓展。Matplotlib的中文学习资料比较丰富，其中最好的学习资料还是其帮助文档，读者可以通过帮助文档查阅自己感兴趣的视图类型。

安装Anaconda后，会默认安装Matplotlib库，如果要单独安装，可以通过pip命令实现，前提是已安装pip包，命令为pip install Matplotlib。

4.1.2 Matplotlib 可视化案例

下面演示一个比较简单的Matplotlib数据可视化的例子，例如按照组和性别统计某次考核的成绩，通过条形图对结果进行可视化，具体代码如下：

```python
import numpy as np
import matplotlib.pyplot as plt

#图形显示中文
plt.rcParams['font.sans-serif']=['SimHei']
plt.rcParams['axes.unicode_minus'] = False


N = 5    #组数
menMeans = (20, 35, 30, 35, 27)
womenMeans = (25, 32, 34, 20, 25)
menStd = (2, 3, 4, 1, 2)
womenStd = (3, 5, 2, 3, 3)
ind = np.arange(N)          #组的位置
width = 0.35                #条形图的宽度

p1 = plt.bar(ind, menMeans, width, yerr=menStd)
p2 = plt.bar(ind, womenMeans, width, bottom=menMeans, yerr=womenStd)


plt.ylabel('得分')
plt.title('按照组和性别统计得分')
plt.xticks(ind, ('组1', '组2', '组3', '组4', '组5'))
plt.yticks(np.arange(0, 81, 10))
plt.legend((p1[0], p2[0]), ('男', '女'))


plt.show()
```

通过运行上面的代码，可以绘制出按组和性别统计成绩的条形图，如图4-1所示。从图形可以清楚地看出每个组的得分情况，以及每个组中男女的得分情况。

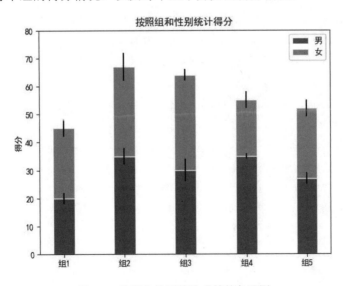

图 4-1　按组和性别统计成绩的条形图

上面只是简单地举例说明Matplotlib的绘图过程，在本书的第2篇中，还会深入讲解Matplotlib可视化方面的应用及技巧等。

4.2 Pyecharts

4.2.1 Pyecharts 库简介

Pyecharts是一个用于生成Echarts图表的类库，可以与Python进行对接，方便在Python中直接使用数据生成图。Echarts是百度开源的一个数据可视化JS库，生成的图可视化效果非常棒，凭借其良好的交互性，精巧的图表设计，得到了众多开发者的认可。

截至2023年5月，Pyecharts的新版本是2.0.2，它具有以下特点：

- 简洁的 API 设计，使用丝滑流畅，支持链式调用。
- 囊括 30 多种常见图表，应有尽有。
- 支持主流 Notebook 环境，如 Jupyter Notebook 和 JupyterLab。
- 可轻松集成至 Flask、Django 等主流 Web 框架。
- 高度灵活的配置项，可轻松搭配出精美的图表。
- 详细的文档和示例，帮助开发者更快地上手项目。
- 多达 400 多种地图文件以及原生的百度地图，为地理数据可视化提供强有力的支持。

4.2.2 Pyecharts 可视化案例

下面演示一个比较简单的Pyecharts数据可视化的例子，例如按照班级统计某次考核的成绩，通过条形图对结果进行可视化，具体代码如下：

```
#声明 Notebook 类型，必须在引入 pyecharts.charts 等模块前声明
from pyecharts.globals import CurrentConfig, NotebookType
CurrentConfig.NOTEBOOK_TYPE = NotebookType.JUPYTER_LAB

from pyecharts import options as opts
from pyecharts.charts import Bar, Page

bar = Bar()
bar.add_xaxis(["数学", "语文", "英语", "物理", "化学", "生物"])
bar.add_yaxis("班级 A", [134, 125, 127, 89, 95, 87])
bar.add_yaxis("班级 B", [131, 128, 129, 87, 92, 88])
bar.set_global_opts(title_opts=opts.TitleOpts(title="2022 年学生期末考试平均成绩比
较分析"),toolbox_opts=opts.ToolboxOpts()
    )

#第一次渲染时调用 load_javasrcript 文件
bar.load_javascript()
```

```
#展示数据可视化图表
bar.render('Pyecharts.html')
bar.render_notebook()
```

通过运行上面的代码，可以绘制出学生考试成绩的条形图，如图4-2所示，从图形可以清楚地看出班级A和班级B各科平均得分情况。

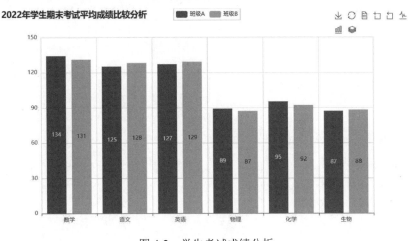

图 4-2　学生考试成绩分析

上面只是简单地举例说明Pyecharts的绘图过程，在本书的第3篇中，还将深入讲解Pyecharts在可视化方面的应用及技巧等。

4.3　Seaborn

4.3.1　Seaborn 库简介

Seaborn同Matplotlib一样，也是Python进行数据可视化分析的重要的第三方包，但Seaborn在Matplotlib的基础上进行了更高级的API封装，使得作图更加容易，图形更加漂亮。Seaborn是基于Matplotlib产生的一个模块，专攻统计可视化，可以和Pandas进行无缝链接，使初学者更容易上手。相对于Matplotlib，Seaborn的语法更简洁，两者的关系类似于NumPy和Pandas之间的关系。要强调的是，应该把Seaborn视为Matplotlib的补充，而不是替代物。

安装Anaconda后，会默认安装Seaborn库，如果要单独安装，可通过pip命令实现，前提是已安装pip包，代码为pip install seaborn。

4.3.2　Seaborn 可视化案例

下面演示一个Seaborn数据可视化的例子，例如为了分析2022年企业在各个省份商品的销售额、利润额和购买量三者之间的相关性，可以绘制三者相关系数的热力图，具体代码如下：

```
import pandas as pd
import matplotlib.pyplot as plt
import seaborn as sns
import pymysql

plt.figure(figsize=[12,7])              # 指定图片大小
sns.set_style('ticks')                  # 设置图形风格为ticks

#连接 MySQL 数据库，读取订单表数据
conn = pymysql.connect(host='127.0.0.1',port=3306,user='root',password='root',
db='sales',charset='utf8')
sql = "SELECT province,ROUND(SUM(sales)/10000,2) as sales,
ROUND(SUM(profit)/10000,2) as profit, SUM(amount) as amount FROM orders where dt=2022
GROUP BY province"
df = pd.read_sql(sql,conn)

#计算皮尔逊相关系数
corr = df[['sales','profit','amount']].corr()
print(corr)

#绘制相关系数热力图
sns.heatmap(corr,annot=True, square=True, linewidths=1.0,
annot_kws={'size':14,'weight':'bold', 'color':'blue'});
```

在JupyterLab中运行上述代码，生成如图4-3所示的相关系数热力图。

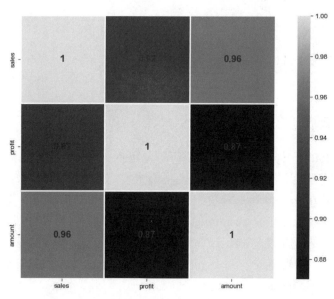

图 4-3　相关系数热力图

从图4-3中可以看出：销售额和购买量的相关系数达到0.96，销售额（sales）与利润额（profit）的相关系数为0.92，利润额（profit）与购买量（amount）的相关系数为0.87，可以看出三者之间存在高度的相关性。

4.4 Bokeh

4.4.1 Bokeh 库简介

Bokeh基于JavaScript来实现交互可视化库，它可以在Web浏览器中实现美观的视觉效果。但是它也有明显的缺点：其一是版本时常更新，最重要的是有时语法还不向下兼容；其二是语法晦涩，与Matplotlib相比，可以说是有过之而无不及。

Bokeh的优势如下：

- Bokeh 允许用户通过简单的指令快速创建复杂的统计图。
- Bokeh 提供到各种媒体（如 HTML、Notebook 文档和服务器）的输出。
- 可以将 Bokeh 可视化嵌入 Flask 和 Django 程序。
- Bokeh 能够转换其他库（例如 Matplotlib、Seaborn）中的可视化图表。
- Bokeh 能灵活地将交互式应用、布局和不同样式选择用于可视化。

Bokeh面临的挑战如下：

- 与任何即将到来的开源库一样，Bokeh 正在经历不断的变化和发展。因此，你今天写的代码可能将来并不能被完全再次使用。
- 与 D3.js 相比，Bokeh 的可视化选项相对较少。因此，短期内 Bokeh 无法挑战 D3.js 的霸主地位。

4.4.2 Bokeh 可视化案例

下面演示一个简单的Bokeh数据可视化的例子，例如分析某企业2022年的经营状况，可以通过绘制销售额和利润额折线图的方法进行可视化分析，具体代码如下：

```
import pymysql
from bokeh.plotting import figure, show
plt.rcParams['font.sans-serif'] = ['SimHei']   #中文字体设置

#连接 MySQL 数据库
v1 = []
v2 = []
v3 = []
conn = pymysql.connect(host='127.0.0.1',port=3306,user='root',password='root',
                       db='sales',charset='utf8')
cursor = conn.cursor()

#读取订单表数据
sql_num = "SELECT MONTH(order_date),ROUND(SUM(sales)/10000,2), ROUND(SUM(profit)/
```

```
            10000,2) FROM orders where dt=2022 GROUP BY MONTH(order_date)"
cursor.execute(sql_num)
sh = cursor.fetchall()
for s in sh:
    v1.append(s[0])
    v2.append(s[1])
    v3.append(s[2])

p = figure(width=800, height=400, title="2022 年企业销售业绩分析")
p.xaxis.axis_label = "月份"
p.xaxis.axis_label_text_color = "violet"
p.yaxis.axis_label = "销售额与利润额"
p.yaxis.axis_label_text_color = "violet"
dashs = [12, 4]
listx1 = v1
listy1 = v2
p.line(listx1, listy1, line_width=4, line_color="red", line_alpha=0.3,
        line_dash=dashs, legend="销售额")
listx2 = v1
listy2 = v3
p.line(listx2, listy2, line_width=4, legend="利润额")
show(p)
```

通过运行上面的代码，会弹出一个新的Web页面，该页面绘制出了该企业2022年销售额和利润额的折线图，如图4-4所示。

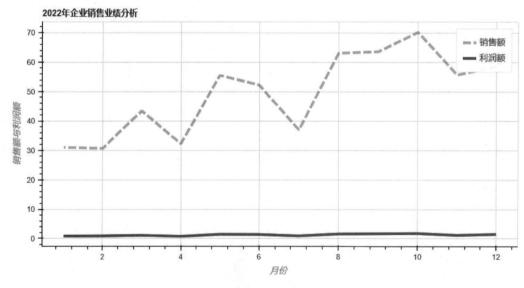

图 4-4　销售额和利润额折线图

从图4-4可以看出，该企业的月销售额基本呈现上升趋势，但是月利润额的变化相对较小。究竟为什么会出现销售额增加而利润额不变的现象，还需要进行更加深入的分析。

4.5　HoloViews

4.5.1　HoloViews 简介

HoloViews是一个面向数据分析和可视化的Python开源插件库，旨在使数据分析和可视化更加简便。它可以用很少的代码表达想要做的分析，专注于探索和传递的内容，而不是结果，可以通过pip install holoviews命令进行安装。

HoloViews在很大程度上依赖于语义注释，即声明的元数据，它使HoloViews可以解释数据所表示的内容，以及自动执行复杂的任务。

4.5.2　HoloViews 可视化案例

为了进一步研究企业近三年不同年份的客户价值，绘制2020年至2022年不同年份销售额的箱形图，具体代码如下：

```
import pymysql
import pandas as pd
import holoviews as hv
from holoviews import dim
hv.extension('bokeh')

#读取 MySQL 数据
conn = pymysql.connect(host='127.0.0.1',port=3306,user='root',password='root',
db='sales',charset='utf8')
sql_num = "SELECT year(order_date) as year,Region,ROUND(sum(sales)/10000,2) as
sales FROM orders GROUP BY year,region ORDER BY year"
data = pd.read_sql(sql_num,conn)

#绘制箱形图
title = "2020 年至 2022 年客户价值分析"
boxwhisker = hv.BoxWhisker(data, ['year'], 'sales', label=title)
boxwhisker.opts(show_legend=False,width=800,height=500,box_fill_color=
dim('year').str(), cmap='Set1')
```

在JupyterLab中运行上述代码，生成如图4-5所示的箱形图。

从图4-5可以看出，最近三年，客户价值呈现逐渐上升的趋势，尤其是在2022年，客户平均消费金额增长相对较高。

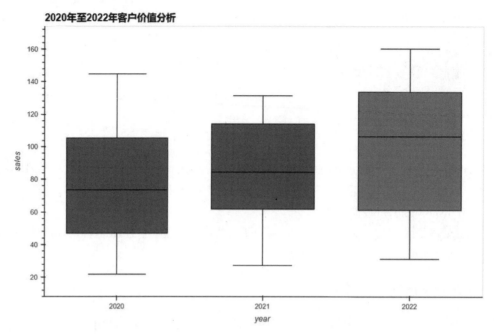

图 4-5　不同年份销售额分析

4.6　Plotly

4.6.1　Plotly 库简介

Plotly是Python中一个做可视化交互的库，它不仅支持Python，还支持R语言。Plotly的优点是能提供Web在线交互，配色也好看。如果你是一名数据分析师，那么Plotly强大的交互功能可以成为你展示数据的得力工具。Plotly提供了在线和离线两种模式来创建图形的功能，在在线模式下，数字数据被上传到Plotly的Chart Studio服务的实例中进行显示；而在离线模式下，图表则在本地创建并呈现。

作为Python新一代数据可视化绘图库，与Matplotlib等传统绘图库相比，Plotly具有以下优点。

- 简洁易用：Plotly 的图表对象就像一个嵌套 dict，可以通过直接修改对象属性来改变图表形态。
- 动态交互：Plotly 绘制的图都是可以交互的图表，可以单击查看数据、拖曳放大、隐藏某些数据列等，也可以导出成静态图，灵活性大大增加。
- 前端能力：基于 Plotly 和 React 开发的 Dash 被誉为机器学习和数据科学模型的前端界面。使用 Python 可以轻松构建基于 Dash 的机器学习应用 App。

通常，Plotly有以下两种常用的绘图接口：

- 第一种是面向对象的绘图接口，即 plotly.graph_objs（简称 go），这也是 Plotly 最基础的绘图接口。
- 第二种是面向函数式的快速绘图接口，即 plotly.express（简称 px），这是在 Go 语言基础上封装的一种更方便的绘图接口。

4.6.2　Plotly 可视化案例

下面演示一个简单的Plotly数据可视化的例子，例如需要分析2022年某企业在全国各个区域的经营状况，可以通过绘制条形图的方法进行分析，具体代码如下：

```python
import pymysql
import plotly.graph_objs as pg
plt.rcParams['font.sans-serif'] = ['SimHei']    #中文字体设置


#连接 MySQL 数据库
v1 = []
v2 = []
v3 = []
conn =
pymysql.connect(host='127.0.0.1',port=3306,user='root',password='root',db='sales',
charset='utf8')
    cursor = conn.cursor()


#读取订单表数据
    sql_num = "SELECT region,ROUND(SUM(sales)/10000,2) FROM orders where dt=2022 GROUP
BY region"
    cursor.execute(sql_num)
    sh = cursor.fetchall()
    for s in sh:
        v1.append(s[0])
        v2.append(s[1])


#按区域绘制条形图
date_sales = pg.Bar(x=v1, y=v2, name='销售额')
data = [date_sales]
layout = pg.Layout(barmode='group', title="2022 年区域销售业绩分析")
fig = pg.Figure(data=data, layout=layout)
fig.write_html("2022 年区域业绩分析.html")
```

通过运行上面的代码，会自动生成一个HTML文件，可以通过浏览器查看图表，绘制出2022年该企业在全国各个区域的销售额和利润额的条形图，在图形的右上方有相应的编辑工具，如图4-6所示。

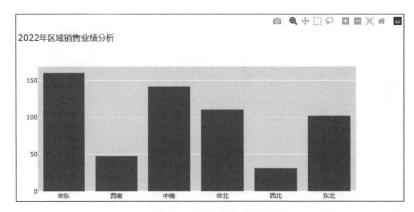

图 4-6　区域销售额分析

从图4-6可以看出，在华东地区的销售额最多，其次是中南地区。

4.7　NetworkX

4.7.1　NetworkX 简介

NetworkX是一个Python软件包，用于创造、操作复杂网络。使用NetworkX，用户可以用标准或者不标准的数据格式加载或者存储网络，产生许多种类的随机网络或经典网络，也可以分析网络结构、建立网络模型、设计新的网络算法、绘制网络等。

对于已经装了pip的环境，安装第三方模块很简单，只需要执行pip install networkx命令即可。在NetworkX中，顶点可以是任何可以哈希的对象，比如文本、图片、XML对象、其他的图对象、任意定制的节点对象等，NetworkX的绘图参数如表4-1所示。

表 4-1　NetworkX 的绘图参数

属　　性	说　　明
node_size	指定节点的尺寸大小（默认是300，单位未知）
node_color	指定节点的颜色（默认是红色，可以用字符串简单标识颜色）
node_shape	节点的形状（默认是圆形，用字符串'o'标识，具体可查看手册）
alpha	透明度（默认是1.0，不透明，0为完全透明）
width	边的宽度（默认为1.0）
edge_color	边的颜色（默认为黑色）
style	边的样式（默认为实线，可选实线、虚线、点画线、虚点画线）
with_labels	节点是否带标签（默认为True）
font_size	节点标签字体大小（默认为12）
font_color	节点标签字体颜色（默认为黑色）
node_size	指定节点的尺寸大小（默认为300，单位未知）

4.7.2　NetworkX 可视化案例

例如，可以使用NetworkX包来分析某个项目中各个步骤之间的顺序关系，可以绘制网络图的方式进行可视化分析，具体代码如下：

```
from matplotlib import pyplot as plt
plt.rcParams['font.sans-serif'] = ['SimHei']  #中文字体设置

#导入networkx包
import networkx as nx

#定义Graph
nodes=['步骤A','步骤B','步骤C','步骤D','步骤E','步骤F','步骤G']
edges=[('步骤A','步骤C'),('步骤G','步骤B'),('步骤G','步骤E'),('步骤B','步骤
E'),('步骤B','步骤F'),('步骤C','步骤F'),('步骤C','步骤E'),('步骤D','步骤F')]
G=nx.Graph()
G.add_nodes_from(nodes)
G.add_edges_from(edges)

#使用spring_layout布局
pos=nx.spring_layout(G)

#绘制网络关系图
plt.title('某项目各步骤间的网络关系图')
nx.draw_networkx(G)
plt.show()
```

在JupyterLab中运行上述代码，生成如图4-7所示的网络关系图。

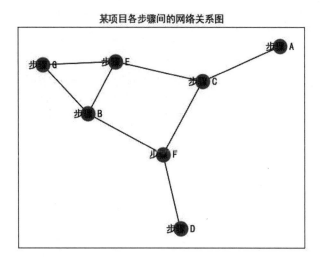

图 4-7　网络关系图

从图4-7中可以看出，步骤B、步骤C、步骤E和步骤F与其他步骤的联系比较紧密，在项目实施过程中要重点监控，以免影响其他步骤的正常进行。

4.8 其他可视化库

4.8.1 Altair

Altair是Python中一个广受认可的统计可视化库。它的API简单、友好，并建立在强大的vega - lite（交互式图形语法）上。Altair API不包含实际的可视化呈现代码，而是按照vega - lite规范发出JSON数据结构，由此产生的数据可以在用户界面中呈现漂亮且有效的可视化效果，并且只需要很少的代码。

Altair可视化的数据源需要是DataFrame格式，其中可以包含不同类型的列。DataFrame是一种整洁的格式，其中的行与样本相对应，而列与观察到的变量相对应。数据通过数据转换映射到使用组的视觉属性（位置、颜色、大小、形状、面板等）。

在可视化分析之前，首先需要通过pip命令安装Altair包，否则程序会报缺少该包的错误。例如，使用Altair包分析农产品的产量与平均增长率两者之间关系，可以绘制散点图的方式进行可视化分析，具体代码如下：

```
import altair as alt
import Pandas as pd


data = pd.DataFrame({'农产品名称': ['粮食', '棉花','油料','肉类','水产品'],
                     '产量(万吨)': [66160.7, 565.3, 3475.2, 8654.4, 6445.3],
                     '平均增长率': [2.1, 1.5, 1.0, 2.2, 3.3]})
c = alt.Chart(data)
c = c.mark_point(size=300)
c = c.encode(x='产量(万吨):Q',y='平均增长率:Q',
        color='农产品名称:N',
        tooltip=['农产品名称', '产量(万吨)', '平均增长率'])
c.serve()
c.display()
```

在JupyterLab中运行该代码，会自动打开一个新的浏览器页面，并生成如图4-8所示的散点图。

从图4-8中可以清楚地看出农产品的产量与平均增长率的关系，此外，单击界面右上方的···按钮，还可以将图片保存为指定的格式，以及查看源代码等。

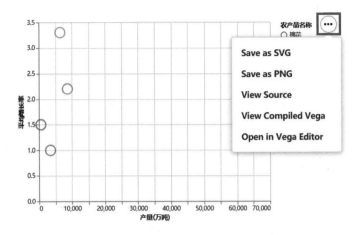

图 4-8　农产品产量与平均增长率散点图

4.8.2　Pygal

Pygal是Python中一个简单易用的数据图库，它以面向对象的方式来创建各种数据图，而且使用Pygal可以非常方便地生成各种格式的数据图，包括PNG、SVG等。使用Pygal也可以生成XML etree、HTML表格。

对于需要在尺寸不同的屏幕上显示的图表，需要考虑使用Pygal来生成它们，因为它们将自动缩放，以适应观看者的屏幕，这样它们在任何设备上显示时都会很美观。Pygal绘制线图很简单，可以将图表渲染为一个SVG文件，使用浏览器打开SVG文件就可以查看生成的图表。

下面演示一个简单的Pygal数据可视化的例子，例如需要分析2022年该企业每个门店的经营状况，可以通过绘制销售额和利润额折线图的方法进行可视化分析，具体代码如下：

```
import pygal
import pymysql
plt.rcParams['font.sans-serif'] = ['SimHei']     #中文字体设置

#连接 MySQL 数据库
v1 = []
v2 = []
v3 = []
conn = pymysql.connect(host='127.0.0.1',port=3306,user='root',password='root',
db='sales',charset='utf8')
cursor = conn.cursor()

#SQL 提取订单表数据
sql_num = "SELECT store_name,ROUND(SUM(sales)/10000,2),
ROUND(SUM(profit)/10000,2) FROM orders where dt=2022 GROUP BY store_name"
cursor.execute(sql_num)
sh = cursor.fetchall()
for s in sh:
    v1.append(s[0])
    v2.append(s[1])
```

```
        v3.append(s[2])

#绘制折线图
line_chart = pygal.HorizontalLine()        #创建一个水平线图的实例化对象
line_chart.title = '2022 年销售额与利润额'    #设置标题
line_chart.x_labels = v1        #注意，这里的是水平线图，那么 X 轴就变为 Y 轴，Y 轴变为 X 轴
                                #添加两条线
line_chart.add('销售额', v2)
line_chart.add('利润额', v3)
line_chart.range = [0, 80]        #设置 X 轴的范围
line_chart.render_to_file('Pygal.svg')    #将图像保存为 SVG 文件，可通过浏览器查看
```

通过运行上面的代码，会自动生成一个SVG文件，可以通过浏览器查看图表，绘制出2022年该企业每个门店的销售额和利润额的折线图，如图4-9所示。

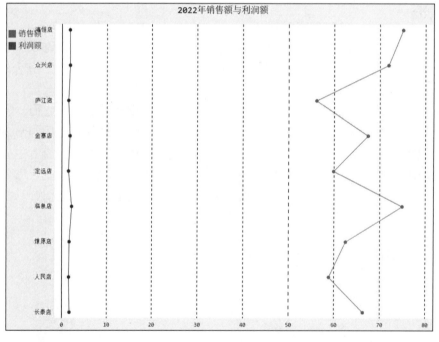

图 4-9　销售额和利润额折线图

从图4-9可以看出，门店的销售额差异较大，但是利润额的差异相对很小，这可能与每个门店的销售策略有关。

4.9　动手练习

动手练习1：使用2022年12月客户的商品购买数据（销售统计.xls），利用Seaborn库绘制如图4-10所示的散点图矩阵。

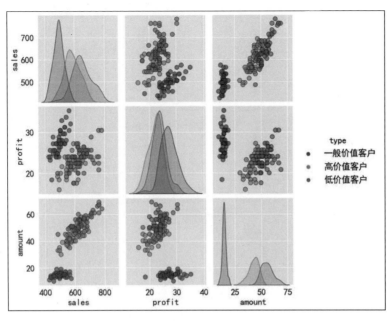

图 4-10　散点图矩阵

动手练习2： 使用2022年不同月份的商品退单量数据（return_days.csv），利用Altair库绘制如图4-11所示的脊线图。

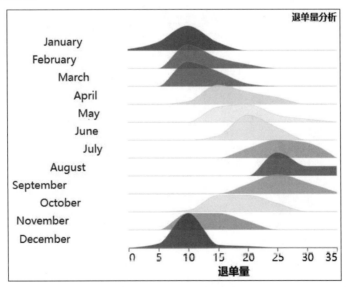

图 4-11　脊线图

第2篇 Matplotlib 数据可视化

本篇将介绍Matplotlib，它是Python数据可视化库的泰斗。虽然已有十多年的历史，但仍然是Python社区中使用最广泛的绘图库。它的设计与MATLAB非常相似，提供了一整套和MATLAB相似的命令和API，适合交互式制图。此外，还可以将它作为绘图控件嵌入其他应用程序中。本篇主要介绍Matplotlib如何绘制各种图形及其参数设置。

第 5 章

Matplotlib图形参数设置

本章介绍Matplotlib的主要参数配置，包括线条、坐标轴、图例等，以及绘图的参数文件及主要函数，并结合实际案例进行深入说明。

5.1 Matplotlib主要参数配置

在使用Matplotlib绘制图形时，会涉及很多参数，充分利用这些参数可以让用户绘制出来的图形更加多样化和富有创造力。

5.1.1 线条设置

在Matplotlib中，可以很方便地绘制各类图形。如果不在程序中设置参数，软件就会使用默认的参数。例如，下面是一个需要对输入数据进行数据变换并绘制曲线的案例，具体代码如下：

```
#导入绘图相关模块
import Matplotlib.pyplot as plt
import Numpy as np

#生成数据并绘图
x = np.arange(0,20,1)
y1 = (x-9)**2 + 1
y2 = (x+5)**2 + 8

#绘制图形
plt.plot(x,y1)
```

```
plt.plot(x,y2)
#输出图形
plt.show()
```

运行上述代码，生成如图5-1所示的简单曲线。

上面绘制的曲线比较单调，我们可以设置线的颜色、线宽、样式，以及添加点，并设置点的样式、颜色、大小，上述的数据变换案例优化后的代码如下：

```
#导入绘图相关模块
import Matplotlib.pyplot as plt
import Numpy as np
#生成数据
x = np.arange(0,20,1)
y1 = (x-9)**2 + 1
y2 = (x+5)**2 + 8
#设置线的颜色、线宽、样式
plt.plot(x,y1,linestyle='-.',color='red',linewidth=5.0)
#添加点，设置点的样式、颜色、大小
plt.plot(x,y2,marker='*',color='green',markersize=10)
#输出图形
plt.show()
```

运行上述代码，生成如图5-2所示的调整后的曲线。

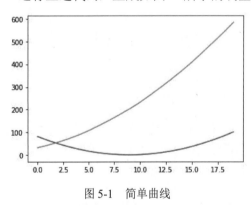

图 5-1　简单曲线

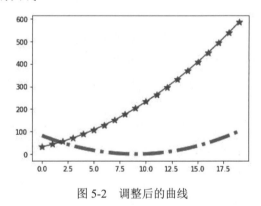

图 5-2　调整后的曲线

此外，在Matplotlib中，我们可以手动设置线的颜色（color）、标记（marker）、线型（line）等参数。下面将对其进行详细介绍。

（1）线的颜色参数设置如表5-1所示。

表 5-1　颜色参数设置

字　　符	颜　　色
'b'	蓝色
'g'	绿色

（续表）

字　　符	颜　　色
'r'	红
'c'	青色
'm'	品红
'y'	黄色
'k'	黑
'w'	白色

（2）线的标记参数设置如表5-2所示。

表 5-2　标记参数设置

字　　符	描　　述
'.'	点标记
','	像素标记
'o'	圆圈标记
'v'	triangle_down标记
'^'	triangle_up标记
'<'	triangle_left标记
'>'	triangle_right标记
'1'	tri_down标记
'2'	tri_up标记
'3'	tri_left标记
'4'	tri_right标记
's'	方形标记
'p'	五角大楼标记
'*'	星形标记
'h'	hexagon1标记
'H'	hexagon2标记
'+'	加号标记
'x'	x 标记
'D'	钻石标记
'd'	thin_diamond标记
'|'	竖线标记
'_'	下画线标记

（3）线的类型参数设置如表5-3所示。

表 5-3　类型参数设置

字　　符	描　　述
'-'	实线样式
'--'	虚线样式
'-.'	破折号-点线样式
':'	虚线样式

5.1.2　坐标轴设置

Matplotlib坐标轴的刻度可以使用plt.xlim()和plt.ylim()函数设置，参数分别是坐标轴的最小值和最大值，例如要绘制一条直线，横轴的刻度都在0～20，具体代码如下：

```
#导入绘图相关模块
import Matplotlib.pyplot as plt
import Numpy as np

#生成数据并绘图
x = np.arange(0,20,1)
y1 = (x-9)**2 + 1
y2 = (x+5)**2 + 8

#设置线的颜色、线宽、样式
plt.plot(x,y1,linestyle='-.',color='red',linewidth=5.0)
#添加点，设置点的样式、颜色、大小
plt.plot(x,y2,marker='*',color='green',markersize=10)

#设置 x 轴的刻度
plt.xlim(0,20)

#设置 y 轴的刻度
plt.ylim(0,400)

#输出图形
plt.show()
```

运行上述代码，生成如图5-3所示的视图。

在Matplotlib中，可以使用plt.xlabel()函数对坐标轴的标签进行设置，其中参数xlabel设置标签的内容、size设置标签的大小、rotation设置标签的旋转度、horizontalalignment设置标签的左右位置（分为center、right和left）、verticalalignment设置标签的上下位置（分为center、top和bottom）。

例如要绘制一条曲线，横轴的刻度在0～20，纵轴的刻度在0～400，并且为横轴和纵轴添加上标签'x'和'y'，以及标签的大小、旋转度、位置等，具体代码如下：

```
#导入绘图相关模块
import Matplotlib.pyplot as plt
import Numpy as np
```

```
#生成数据并绘图
x = np.arange(0,20,1)
y1 = (x-9)**2 + 1
y2 = (x+5)**2 + 8

#设置线的颜色、线宽、样式
plt.plot(x,y1,linestyle='-.',color='red',linewidth=5.0)
#添加点，设置点的样式、颜色、大小
plt.plot(x,y2,marker='*',color='green',markersize=10)

#给 x 轴加上标签
plt.xlabel('x',size=15)

#给 y 轴加上标签
plt.ylabel('y',size=15,rotation=90,horizontalalignment='right',
           verticalalignment='center')

#设置 x 轴的刻度
plt.xlim(0,20)

#设置 y 轴的刻度
plt.ylim(0,400)

#输出图形
plt.show()
```

运行上述代码，生成如图5-4所示的视图。

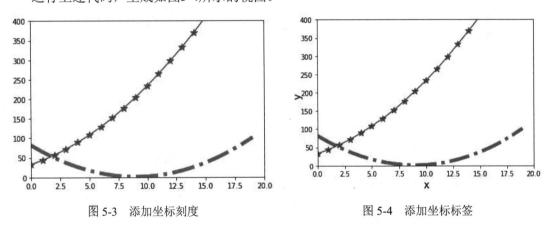

图 5-3　添加坐标刻度　　　　　　　图 5-4　添加坐标标签

5.1.3　图例的设置

图例是集中于地图一角或一侧的地图上各种符号和颜色所代表的内容与指标的说明,有助于更好地认识图形。

在Matplotlib中，可以使用plt.legend()函数设置图例，函数参数如下：

```
plt.legend(loc,fontsize,frameon,ncol,title,shadow,markerfirst,markerscale,num
points,fancybox, framealpha, borderpad,labelspacing,handlelength,bbox_to_anchor,*)
```

不带参数地调用legend会自动获取图例句柄及相关标签，例如上述数据变换的案例添加plt.legend()后的代码如下：

```
#导入绘图相关模块
import Matplotlib.pyplot as plt
import Numpy as np

#生成数据并绘图
x = np.arange(0,20,1)
y1 = (x-9)**2 + 1
y2 = (x+5)**2 + 8

#设置线的颜色、线宽、样式
plt.plot(x,y1,linestyle='-.',color='red',linewidth=5.0,label='convert A')
#添加点，设置点的样式、颜色、大小
plt.plot(x,y2,marker='*',color='green',markersize=10,label='convert B')

#给 x 轴加上标签
plt.xlabel('x',size=15)

#给 y 轴加上标签
plt.ylabel('y',size=15,rotation=90,horizontalalignment='right',verticalalignm
ent='center')

#设置 x 轴的刻度
plt.xlim(0,20)
#设置 y 轴的刻度
plt.ylim(0,400)

#设置图例
plt.legend()

#输出图形
plt.show()
```

运行上述代码，生成如图5-5所示的视图。

我们还可以重新定义图例的内容、位置、字体大小等参数，例如上述的plt.legend()函数可以修改为plt.legend(labels=['A', 'B'],loc='upper left',fontsize=15)，运行结果如图5-6所示。

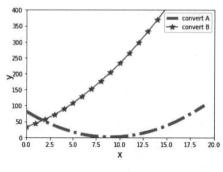

图 5-5　添加视图图例

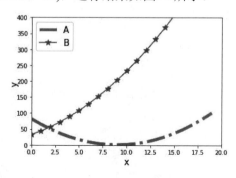

图 5-6　调整图例后的视图

Matplotlib图例的主要参数配置如表5-4所示。

表 5-4　图例参数配置

属　　性	说　　明
Loc	图例位置，如果使用了bbox_to_anchor参数，则该项无效
Fontsize	设置字体大小
Frameon	是否显示图例边框
Ncol	图例的列的数量，默认为1
Title	为图例添加标题
Shadow	是否为图例边框添加阴影
Markerfirst	True表示图例标签在句柄右侧，False反之
Markerscale	图例标记为原图标记中的多少倍大小
Numpoints	表示图例中的句柄上的标记点的个数，一般设为1
Fancybox	是否将图例框的边角设为圆形
Framealpha	控制图例框的透明度
Borderpad	图例框内边距
Labelspacing	图例中条目之间的距离
Handlelength	图例句柄的长度
bbox_to_anchor	如果要自定义图例位置，则需要设置该参数

5.2　绘图参数文件及主要函数

可以通过在程序中添加代码对参数进行配置，但是假设一个项目对于Matplotlib的特性参数总会设置相同的值，就没有必要在每次编写代码的时候都进行相同的配置。取而代之的是在代码之外使用一个永久的文件设定Matplotlib参数默认值，该文件称为绘图参数文件。

5.2.1　修改绘图参数文件

在Matplotlib中，可以通过Matplotlibrc这个配置文件永久修改绘图参数。该文件中包含绝大部分可以变更的属性。Matplotlibrc通常位于Python的site-packages目录下。不过在每次重装Matplotlib的时候，这个配置文件会被覆盖。查看Matplotlibrc所在目录的代码如下：

```
import Matplotlib
print(Matplotlib.Matplotlib_fname())
```

这里的路径是F:\Uninstall\Anaconda3\lib\site-packages\Matplotlib\mpl-data\Matplotlibrc，具体路径由软件的安装位置决定，然后用Notepad打开Matplotlibrc文件，如图5-7所示。

图 5-7　Matplotlibrc 文件

再根据自己的需要来修改里面相应的属性即可。

注意　在修改后记得把前面的#去掉。

配置文件包括以下配置项。

- axes：设置坐标轴边界和颜色、坐标刻度值大小和网格。
- figure：设置边界颜色、图形大小和子区。
- font：设置字体集、字体大小和样式。
- grid：设置网格颜色和线形。
- legend：设置图例及其中文本的显示。
- line：设置线条和标记。
- savefig：可以对保存的图形进行单独设置。
- text：设置字体颜色、文本解析等。
- xticks 和 yticks：为 x、y 轴的刻度设置颜色、大小、方向等。

例如，在实际运用中通常碰到中文显示为□□，那是因为没有给Matplotlib设置字体类型。如果不改变Matplotlibrc配置文件的话，在代码中只需要添加这两句即可：

```
import Matplotlib.pyplot as plt
# 用来正常显示中文标签
plt.rcParams['font.sans-serif'] = ['SimHei']
```

```
# 用来正常显示负号
plt.rcParams['axes.unicode_minus'] = False
```

如果不想每次在使用Matplotlib的时候都写上面的代码，那么可以使用前面修改Matplotlibrc配置文件的方法。

5.2.2　绘图主要函数简介

Matplotlib中的pyplot模块提供一系列类似MATLAB的命令式函数。每个函数可以对图形对象做一些改动，比如新建一个图形对象、在图形中开辟绘制区、在绘制区画一些曲线、为曲线打上标签等。在Matplotlib.pyplot中，大部分状态是跨函数调用共享的。因此，它会跟踪像当前图形对象和绘制区这样的状态，以便于绘制函数直接作用于当前绘制对象。

pyplot的基础图表函数如表5-5所示。

表 5-5　基础图表函数

函　　数	说　　明
plt.plot()	绘制坐标图
plt.boxplot()	绘制箱形图
plt.bar()	绘制条形图
plt.barh()	绘制横向条形图
plt.polar()	绘制极坐标图
plt.pie()	绘制饼图
plt.psd()	绘制功率谱密度图
plt.specgram()	绘制谱图
plt.cohere()	绘制相关性函数
plt.scatter()	绘制散点图
plt.step()	绘制步阶图
plt.hist()	绘制直方图
plt.contour()	绘制等值图
plt.vlines()	绘制垂直图
plt.stem()	绘制柴火图
plt.plot_date()	绘制数据日期
plt.clabel()	绘制轮廓图
plt.hist2d()	绘制2D直方图
plt.quiverkey()	绘制颤动图
plt.stackplot()	绘制堆积面积图
plt.Violinplot()	绘制小提琴图

5.3 Matplotlib参数配置案例

下面将结合实际案例介绍Matplotlib绘图参数设置，本案例为分析某企业2022年的销售额在全国各个地区的增长情况，分别统计了每个地区在2021年和2022年的数据，并按照差额的大小进行了排序，绘制折线图的代码如下：

```python
#导入可视化分析相关的包
import Matplotlib.pyplot as plt    .

#用来正常显示中文标签和负号
plt.rcParams['font.sans-serif']=['SimHei']
plt.rcParams['axes.unicode_minus']=False

#数据设置
x =['中南','东北','华东','华北','西南','西北'];
y1=[223.65, 488.28, 673.34, 870.95, 1027.34, 1193.34];
y2=[214.71, 445.66, 627.11, 800.73, 956.88, 1090.24];

#设置输出的图片大小
figsize = 10,6
figure, ax = plt.subplots(figsize=figsize)

#在同一幅图片上画两条折线
A,=plt.plot(x,y1,'-r',label='2022 年销售额',linewidth=5.0)
B,=plt.plot(x,y2,'b-.',label='2021 年销售额',linewidth=5.0)

#设置坐标刻度值的大小以及刻度值的字体
plt.tick_params(labelsize=15)
labels = ax.get_xticklabels() + ax.get_yticklabels()
[label.set_fontname('SimHei') for label in labels]

#设置图例并设置图例的字体及大小
font1 = {'family' : 'SimHei','weight' : 'normal','size' : 15,}
legend = plt.legend(handles=[A,B],prop=font1)

#设置横纵坐标的名称以及对应的字体格式
font2 = {'family' : 'SimHei','weight' : 'normal','size' : 20,}
plt.xlabel('地区',font2)
plt.ylabel('销售额',font2)

#输出图形
plt.show()
```

运行上述代码，生成如图5-8所示的视图。从图5-8中可以看出，在2022年，该企业在6个区域的销售额增长额度由大到小依次是西北、西南、华北、华东、东北、中南。

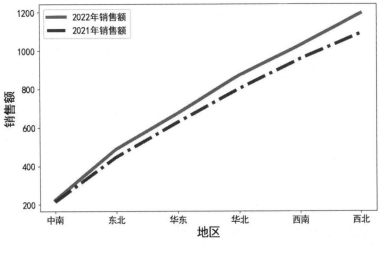

图 5-8　各地区销售额分析

5.4　动手练习

使用数据库中的订单表（orders），利用Matplotlib绘制如图5-9所示的2022年上半年企业每周的商品有效订单折线图。

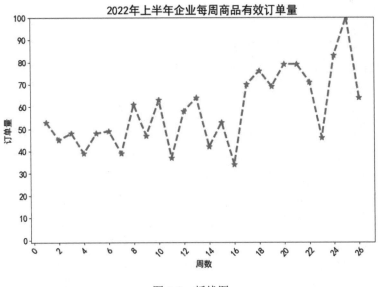

图 5-9　折线图

第 6 章

Matplotlib基础绘图

本章通过使用存储在集群中的实际案例数据介绍Matplotlib绘制一些基础图形，包括直方图、折线图、条形图、饼图、散点图、箱形图等。

6.1 绘制直方图

直方图（Histogram）又称质量分布图，是一种统计报告图，由一系列高度不等的纵向条纹或线段表示数据分布的情况。一般用横轴表示数据类型，纵轴表示分布情况。本节讲解如何使用Matplotlib绘制直方图。

6.1.1 直方图的参数

直方图是数值数据分布的精确图形表示，这是一个连续变量（定量变量）的概率分布的估计。为了构建直方图，第一步是将值的范围分段，即将整个值的范围分成一系列间隔，然后计算每个间隔中有多少值。这些值通常被指定为连续的、不重叠的变量间隔。间隔必须相邻，并且通常是（但不是必需的）相等的大小。

直方图可以用于识别数据的分布模式和异常值，以及观察数据变化趋势和分布差异等。对于连续数据，直方图通常比较常用和直观。然而，对于离散数据，直方图并不是最佳的统计图形选择。此时，可能需要使用其他形式的图表，如条形图、饼图、散点图等。

使用Matplotlib绘制直方图，主要使用plt.hist()函数，该函数的使用格式及参数如下：

```
Matplotlib.pyplot.hist(x,bins=None,range=None,density=None,weights=None,
cumulative=False, bottom=None, histtype='bar', align='mid', orientation='vertical',
```

```
rwidth=None, log=False, color=None, label=None, stacked=False, normed=None, *,
data=None, **kwargs)
```

参数说明如表6-1所示。

表 6-1　直方图的参数及说明

参　　数	说　　明
X	指定要绘制直方图的数据
Bins	指定直方图条形的个数
Range	指定直方图数据的上下界，默认包含绘图数据的最大值和最小值
Density	若为True，则返回元组的第一个元素将是归一化的计数，以形成概率密度
Weights	该参数可以为每一个数据点设置权重
Cumulative	是否需要计算累计频数或频率
Bottom	可以为直方图的每个条形添加基准线，默认为0
Histtype	指定直方图的类型，默认为bar，还有barstacked、step等
Align	设置条形边界值的对齐方式，默认为mid，还有left和right
Orientation	设置直方图的摆放方向，默认为垂直方向
Rwidth	设置直方图条形宽度的百分比
Log	是否需要对绘图数据进行对数变换
Color	设置直方图的填充色
Label	设置直方图的标签，可以通过legend展示其图例
Stacked	当有多个数据时，是否需要将直方图呈堆叠摆放，默认为水平摆放
Normed	已经弃用，改用density参数

6.1.2　案例：每日利润额的数值分布

为了研究某企业的产品销售业绩情况，需要对每天的利润额进行分析，我们编写如下程序代码来绘制利润额分布的直方图：

```
import pymysql
import matplotlib as mpl
import matplotlib.pyplot as plt
mpl.rcParams['font.sans-serif']=['SimHei']
plt.rcParams['axes.unicode_minus']=False

#连接 MySQL 数据库
conn = pymysql.connect(host='127.0.0.1',port=3306,user='root',password='root',
db='sales',charset='utf8')
cursor = conn.cursor()

#读取 MySQL 订单表数据
v1 = []
v2 = []
```

```
sql_num = "SELECT order_date,ROUND(SUM(profit)/10000,2) FROM orders WHERE
                         dt=2022 GROUP BY order_date"
cursor.execute(sql_num)
sh = cursor.fetchall()
for s in sh:
    v1.append(s[0])
    v2.append(s[1])


#设置图形大小
plt.figure(figsize=(15,8))
#绘制直方图
plt.hist(v2, bins=25, density=True, facecolor="blue", edgecolor="black",
         alpha=0.9)
#显示横轴标签及刻度
plt.xlabel("区间",fontsize=20)
plt.xticks(fontproperties='Times New Roman', size=15)
#显示纵轴标签及刻度
plt.ylabel("频数",fontsize=20)
plt.yticks(fontproperties='Times New Roman', size=15)


#显示图标题
plt.title("利润额分布直方图",fontsize=25)
plt.show()
```

在JupyterLab中运行上述代码,生成如图6-1所示的直方图。从图6-1中可以看出,该企业在2022年大部分天数是盈利的,但是利润不是很高,利润额基本都在0~0.05万,但是偶尔也有几天出现亏损的情况。

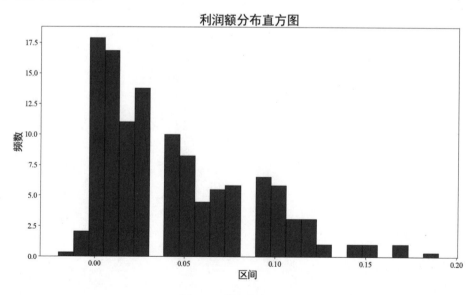

图 6-1　利润额直方图

6.2 绘制折线图

折线图是一种图表类型,通过在图表上绘制一系列连续的点和它们之间的线段来展示数据随时间或其他变量的变化趋势。它通常用于可视化连续变量的趋势,例如时间序列数据或某种变量随着另一个变量的变化而变化的情况。折线图通常使用一个坐标系来描述数据。通常,x轴表示时间或其他连续量,而y轴表示所观察到的变量的值。本节讲解如何使用Matplotlib绘制折线图(Line Chart)。

6.2.1 折线图的参数

折线图(Line Chart)可以显示多个数据系列。在这种情况下,每个系列都可以显示为一个单独的颜色或模式。这使得折线图成为比较多个因素的趋势和模式的有用工具。

例如,折线图可以用于显示公司股票价格随时间的变化。在这种情况下,x轴表示时间轴,而y轴表示股票的价格。这个图表是连续的,每个点都表示股票在某个特定时间点的价格。通过画线,我们可以看到随着时间的推移股票价格的变化趋势和买卖股票的最佳时机。

折线图通常对比较趋势和变化方面有较强的可视化效果,并且可以通过添加网格线和标签来使图表更易读。

利用Matplotlib绘制折线图,可使用plt.plot()函数,该函数的参数如下:

```
plot([x], y, [fmt], data=None, **kwargs)
```

参数说明如表6-2所示。

表 6-2 折线图参数及说明

参 数	说 明
x,y	设置数据点的水平或垂直坐标
Fmt	用一个字符串来定义图的基本属性,如颜色、点型、线型
Data	带有标签的绘图数据

6.2.2 案例:每周商品销售业绩分析

电商企业的产品销售一般都具有周期性,为了深入研究该企业的销售额的变化情况,需要绘制企业每周的销售额折线图,我们编写如下Python代码来对电商企业销售额变化情况进行分析:

```
import pymysql
import matplotlib as mpl
import matplotlib.pyplot as plt
mpl.rcParams['font.sans-serif']=['SimHei']
```

```python
plt.rcParams['axes.unicode_minus']=False

#连接 MySQL 数据库
conn =
pymysql.connect(host='127.0.0.1',port=3306,user='root',password='root',db='sales',
charset='utf8')
cursor = conn.cursor()

#读取 MySQL 订单表数据
v1 = []
v2 = []
sql_num = "SELECT weekofyear(order_date),ROUND(SUM(sales)/10000,2) FROM orders
        WHERE dt=2022 GROUP BY weekofyear(order_date)"
cursor.execute(sql_num)
sh = cursor.fetchall()
for s in sh:
    v1.append(s[0])
    v2.append(s[1])

#设置图形大小
plt.figure(figsize=(15,8))
#绘制折线图
plt.plot(v1, v2)
#设置纵坐标范围
plt.ylim((0,25))
#设置横轴标签及刻度
plt.xlabel("周数",fontsize=20)
plt.xticks(fontproperties='Times New Roman',rotation=45,size=15)
#设置纵轴标签及刻度
plt.ylabel("销售额",fontsize=20)
plt.yticks(fontproperties='Times New Roman',size=15)
#设置折线图名称
plt.title("2022 年企业每周销售额分析",fontsize=25)
plt.show()
```

在JupyterLab中运行上述代码，生成如图6-2所示的折线图。从图6-2中可以看出，该企业在2022年，每周的销售额变化较大，尤其是在下半年，虽然销售额较上半年有较大幅度的上升，但是最后几周又出现大幅度下滑，企业管理人员需要深入分析其原因。

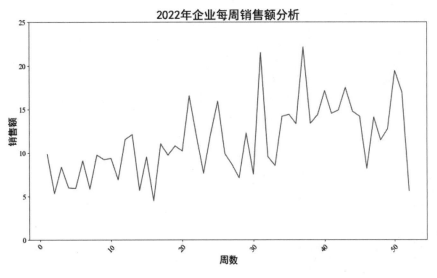

图 6-2　销售额和利润额折线图

6.3　绘制条形图

条形图（Bar Chart）是一种图表类型，使用水平或垂直的矩形条来比较不同的项目或类别之间的数据值。它通常用于可视化离散或分类数据，其中每个矩形代表一类或一项，并且该类别或项的长度与其相关联的数据值相对应。本节介绍条形图的绘制技巧。

6.3.1　条形图的参数

在条形图中，X轴表示相应数据分类或项目，而Y轴表示数据量。水平条形图通常用于比较不同类别的数据大小，特别是当类别名称较长时，可以更好地呈现数据，而垂直条形图通常用于可视化较多的数据量。条形图通常可以有多个系列或数据组，以及用不同颜色或图案来区分它们。这使得条形图成为比较不同数据组之间的关系的有用工具。例如，条形图可以用于显示年度营业额的增长率。在这种情况下，水平条形图中每个条形的宽度表示相应的年份，垂直条形图中每个条形的高度表示相应的增长率。使用不同颜色的条形来表示不同产品类型的销售额年度变化。通过观察条形图，我们可以轻松地比较不同产品类型之间的销售额趋势和差异。

使用Matplotlib绘制条形图，可使用plt.bar()函数，该函数参数如下：

```
matplotlib.pyplot.bar(x, height, width=0.8, bottom=None, *, align='center', data=None, **kwargs)
```

参数说明如表6-3所示。

表 6-3　条形图参数及说明

参　　　数	说　　　明
X	设置横坐标
Height	条形的高度
Width	直方图宽度，默认为0.8
Botton	条形的起始位置
Align	条形的中心位置
Color	条形的颜色
Edgecolor	边框的颜色
Linewidth	边框的宽度
tick_label	下标的标签
Log	y轴使用科学记数法表示
Orientation	是竖直条还是水平条

6.3.2　案例：不同省份利润额的比较

企业的产品销售往往会呈现区域性差异，为了深入研究该企业的产品在2022年是否具有省份差异性，绘制区域利润额的条形图，Python代码如下：

```python
import pymysql
import numpy as np
import matplotlib as mpl
import matplotlib.pyplot as plt
from matplotlib.font_manager import FontProperties
mpl.rcParams['font.sans-serif']=['SimHei']
plt.rcParams['axes.unicode_minus']=False


#连接 MySQL 数据库
conn =
pymysql.connect(host='127.0.0.1',port=3306,user='root',password='root',db='sales',
charset='utf8')
cursor = conn.cursor()


#读取 MySQL 订单表数据
v1 = []
v2 = []
sql_num = "SELECT province,ROUND(SUM(profit)/10000,2) FROM orders WHERE dt=2022
GROUP BY province"
cursor.execute(sql_num)
sh = cursor.fetchall()
for s in sh:
    v1.append(s[0])
```

```
        v2.append(s[1])

plt.figure(figsize=(15,8))
plt.bar(v1, v2, alpha=0.8, width=0.6, color='blue', edgecolor='red', label='利
润额', lw=1)
plt.legend(loc='upper left', fontsize=15)
plt.xticks(np.arange(30), v1, rotation=10)

#设置坐标轴和标题字体大小
plt.xlabel('销售省份', fontsize=20)
plt.xticks(fontproperties='SimHei',rotation=90,size=15)
plt.ylabel('利润额', fontsize=20)
plt.yticks(fontproperties='Times New Roman',size=15)
plt.title('2022 年各省份利润额分析', fontsize=25)
plt.show()
```

在JupyterLab中运行上述代码，生成如图6-3所示的条形图。从图6-3中可以看出，该企业在2022年，在全国31个省市的利润额存在较大的差异，在山东省的利润额最大，其次是黑龙江和广东，但是在部分省市也出现亏损的情况，尤其是在辽宁省、浙江省和湖北省。

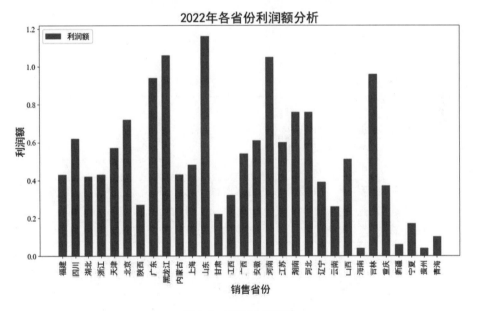

图 6-3　利润额条形图

6.4　绘制饼图

饼图（Pie Chart）是一种图表类型，在一个圆形的基础上将数据细分成不同的片段，常用

于表达相对比例。饼图可以非常清晰地显示不同类别的项目在整体中的比例关系，特别是在用百分比展示数据时，它是一种常用的数据可视化手段。本节介绍饼图的绘制技巧。

6.4.1 饼图的参数

饼图基于圆形或其他环形面，通过将数据划分为饼图的几个扇形来描述数值的比例关系。每个扇形的大小与其表示的数据量成比例，而颜色则通常用来区分不同的类别或子分类。饼图通常适用于总和为100%的数据，或者可以将数据转换为百分比的情况。

例如，我们可以使用饼图可视化某企业在不同地区销售所涉及的比例关系。在这种情况下，每个饼图扇形表示不同地区的销售额百分比，饼图中每个扇形的大小表示该地区的销售额占总销售额的比例。同时，不同地区可以使用不同的颜色或者模式来表示。

饼图作为一种常见的数据可视化工具，可以很容易地帮助人们理解数据和比例关系，但是需要注意的是，如果数据点数量过多，饼图可能会变得混乱，而且在多维数据中，饼图可能无法提供足够的细节信息和对比信息。

使用Matplotlib绘制饼图，可使用plt.pie()函数，该函数的参数如下：

```
Matplotlib.pyplot.pie(x, explode=None, labels=None, colors=None, autopct=None,
pctdistance=0.6, shadow=False, labeldistance=1.1, startangle=None, radius=None,
counterclock=True, wedgeprops=None, textprops=None, center=(0, 0), frame=False,
rotatelabels=False, *, data=None)
```

参数及说明如表6-4所示。

表 6-4　饼图参数及说明

参　　数	说　　明
X	每一块的比例，若sum(x) > 1，则会进行归一化处理
Labels	每一块饼图外侧显示的说明文字
Explode	每一块离开中心的距离
Startangle	起始绘制角度，默认图是从x轴正方向逆时针画起，若设定等于90，则从y轴正方向画起
Shadow	在饼图下面画一个阴影。默认为False，即不画阴影
Labeldistance	label标记的绘制位置，相对于半径的比例，默认值为1.1，若小于1，则绘制在饼图内侧
Autopct	控制饼图内的百分比设置
Pctdistance	类似于labeldistance，指定autopct的位置刻度，默认值为0.6
Radius	控制饼图半径，默认值为1
Counterclock	指定指针方向，可选，默认为True，即逆时针
Wedgeprops	字典类型，可选，默认值为None。参数字典传递给wedge对象用来画饼图
Textprops	设置标签和比例文字的格式，字典类型，可选，默认值为None
Center	浮点类型的列表，可选，默认值为(0, 0)，即图标中心位置
Frame	布尔类型，可选，默认为False。如果是True，那么绘制带有表的轴框架
Rotatelabels	布尔类型，可选，默认为False。如果为True，那么旋转每个label到指定的角度

6.4.2　案例：不同类型商品销售额比较

为了研究该企业不同类型商品的销售额是否存在一定的差异,绘制了不同类型商品的饼图,Python代码如下:

```
import pymysql
import matplotlib as mpl
import matplotlib.pyplot as plt
mpl.rcParams['font.sans-serif']=['SimHei']
plt.rcParams['axes.unicode_minus']=False

#连接 MySQL 数据库
conn = pymysql.connect(host='127.0.0.1',port=3306,user='root',password='root',
                        db='sales',charset='utf8')
cursor = conn.cursor()

#读取 MySQL 订单表数据
v1 = []
v2 = []
sql_num = "SELECT category,ROUND(SUM(sales),2)FROM orders WHERE
            dt=2022 GROUP BY category"
cursor.execute(sql_num)
sh = cursor.fetchall()
for s in sh:
    v1.append(s[0])
    v2.append(s[1])

plt.figure(figsize=(15,8))
labels = v1
explode =[0.1, 0.1, 0.1]          #每一块离开中心距离
plt.pie(v2, explode=explode, labels=labels,autopct='%1.2f%%',
        textprops={'fontsize':20,'color':'black'})
plt.title('2022 年不同类型产品销售额分析',fontsize = 25)
plt.show()
```

在JupyterLab中运行上述代码,生成如图6-4所示的饼图。从图6-4中可以看出,该企业在2022年不同类型产品的销售额存在一定的差异,其中家具类产品的销售额占比达到了36.14%,技术类占比为32.37%,办公类占比为31.49%。

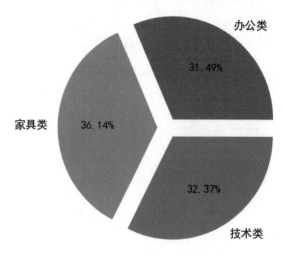

图 6-4　不同类型产品的销售额

6.5　绘制散点图

散点图（Scatter Plot）是一种二维坐标图，用于表示两个变量之间的关系或相关性。它通常由两个数值变量（X和Y）组成，其中每个点代表一个单独的数据观测案例。在散点图中，每个点的位置取决于相应的X和Y变量的值。本节介绍散点图的绘制技巧。

6.5.1　散点图的参数

散点图是一种强大的可视化工具，通常用于寻找变量之间的模式和关系，例如正相关、负相关或无关。散点图可以帮助我们发现数据集中是否存在异常样本或离群点，还可以展示可能存在的非线性关系等信息。

例如，我们使用散点图可视化房屋面积和其价格之间的关系。在这种情况下，X轴表示房屋的面积，Y轴表示房屋的价格。每个点代表一个房屋。我们可以通过散点图来检查面积和价格之间是否存在线性关系，以及是否存在异常房屋等离群值。

总之，散点图允许我们以直观的方式对数据集中的对比关系进行比较，并检查其中的模式和趋势。它可以帮助我们揭示数据集中隐藏的信息，以及连续变量之间的关系。

使用Matplotlib绘制散点图，可以用plt.scatter()函数，该函数的格式及参数如下：

```
Matplotlib.pyplot.scatter(x, y, s=None, c=None, marker=None, cmap=None, norm=None,
vmin=None, vmax=None, alpha=None, linewidths=None, verts=None, edgecolors=None, *,
data=None, **kwargs)
```

参数及说明如表6-5所示。

表 6-5　散点图的参数及说明

参　　数	说　　明
x,y	绘图的数据，都是向量且必须长度相等
S	设置标记大小
C	设置标记颜色
marker	设置标记样式
cmap	设置色彩盘
norm	设置亮度，范围为0～1
vmin，vmax	设置亮度，如果norm已设置，那么该参数无效
alpha	设置透明度，范围为0～1
linewidths	设置线条的宽度
edgecolors	设置轮廓颜色

6.5.2　案例：销售额与利润额的关系

为了研究该企业每天的销售额与利润额两者之间的关系，可以绘制销售额与利润额的散点图，我们编写如下Python代码：

```
import pymysql
import matplotlib as mpl
import matplotlib.pyplot as plt
mpl.rcParams['font.sans-serif']=['SimHei']
plt.rcParams['axes.unicode_minus']=False

#连接 MySQL 数据库
conn = pymysql.connect(host='127.0.0.1',port=3306,user='root',password='root',
                    db='sales',charset='utf8')
cursor = conn.cursor()

#读取 MySQL 订单表数据
v1 = []
v2 = []
v3 = []
sql_num = "SELECT order_date,ROUND(SUM(sales)/10000,2),
        ROUND(SUM(profit)/10000,2) FROM orders WHERE dt=2022 GROUP BY
        order_date"
cursor.execute(sql_num)
sh = cursor.fetchall()
for s in sh:
    v1.append(s[0])
    v2.append(s[1])
    v3.append(s[2])

plt.figure(figsize=(15,8))
```

```
#绘制散点图，marker 为点的形状，s 为点的大小，alpha 为点的透明度
plt.scatter(v2, v3, marker='o', s=95, alpha=0.8)

#设置坐标轴和标题字体大小
plt.xlabel('销售额', fontsize=20)
plt.xticks(fontproperties='SimHei',rotation=90,size=15)
plt.ylabel('利润额', fontsize=20)
plt.yticks(fontproperties='Times New Roman',size=15)
plt.title('2022 年销售额利润额分析', fontsize=25)
plt.grid(True)
plt.show()
```

在JupyterLab中运行上述代码，生成如图6-5所示的散点图。

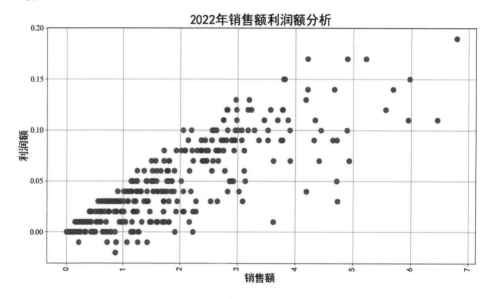

图 6-5　销售额和利润额散点图

从图6-5中可以看出，该企业在2022年每天的销售额与利润额两者之间的关系不大，即随着销售额的增加,利润额增加很少,甚至出现亏损的情况,这可能与不断增加的营销成本有关。

6.6　绘制箱形图

箱形图（Box Plot）也称为盒须图，是一种用于展示数据分布情况的可视化图表，通常用于比较多组数据之间的差异。本节介绍箱形图的绘制技巧。

6.6.1　箱形图的参数

箱形图由5个数值点组成：上边缘、上四分位数、中位数、下四分位数和下边缘，如图6-6

所示。它们描绘了数据分布的整体情况，并使用箱子来表示数据的四分位距，即下四分位数和上四分位数之间的距离。箱形图的异常值通常被表示为离群点。

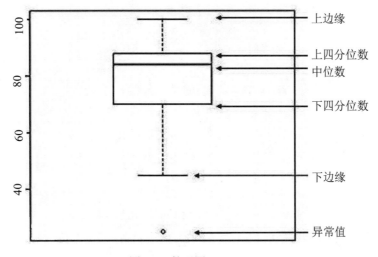

图 6-6　箱形图

通过观察箱形图，我们可以比较数据集之间的中位数、分位差以及异常值情况，揭示数据的整体分布特征。此外，箱形图还可以显示对称性、分布形状和偏离情况。

例如，我们可以使用箱形图比较两个产品的销售情况。在这种情况下，箱子的顶部和底部代表数据的上限值和下限值，箱子的中线表示数据的中位数，箱子的长度代表数据的四分位距离，而箱外的小圆点则表示异常值。

总之，箱形图是一种有用的工具，用于可视化数据的分布情况和异常值的情况，它可以帮助我们比较多组数据，检测异常样本，同时揭示出数据集的总体形态。

使用Matplotlib绘制箱形图可以用plt.boxplot()函数，该函数的格式及参数如下：

```
plt.boxplot(x, notch=None,
sym=None,vert=None,whis=None,positions=None,widths=None,
patch_artist=None,meanline=None,showmeans=None,showcaps=None,showbox=None,showflie
rs=None,boxprops=None,labels=None,flierprops=None,medianprops=None,meanprops=None,
capprops=None,whiskerprops=None)
```

参数及说明如表6-6所示。

表 6-6　箱型图的参数及说明

参　　数	说　　明
x	指定要绘制箱形图的数据
notch	是否以凹口的形式展现箱形图，默认非凹口
sym	指定异常点的形状，默认以+号显示
vert	是否需要将箱形图垂直摆放，默认为垂直摆放
whis	指定上下须与上下四分位的距离，默认为1.5倍的四分位差
positions	指定箱形图的位置，默认为[0, 1, 2…]

（续表）

参　　数	说　　明
widths	指定箱形图的宽度，默认为0.5
patch_artist	是否填充箱体的颜色
meanline	是否用线的形式表示均值，默认用点来表示
showmeans	是否显示均值，默认不显示
showcaps	是否显示箱形图顶端和末端的两条线，默认显示
showbox	是否显示箱形图的箱体，默认显示
showfliers	是否显示异常值，默认显示
boxprops	设置箱体的属性，如边框色、填充色等
labels	为箱形图添加标签，类似于图例的作用
filerprops	设置异常值的属性，如异常点的形状、大小、填充色等
medianprops	设置中位数的属性，如线的类型、粗细等
meanprops	设置均值的属性，如点的大小、颜色等
capprops	设置箱形图顶端和末端线条的属性，如颜色、粗细等
whiskerprops	设置须的属性，如颜色、粗细、线的类型等

6.6.2　案例：区域销售业绩比较分析

为了客观地评价每个区域的业绩情况，可以绘制每个区域在2022年销售业绩情况的箱形图进行分析，我们编写如下Python代码：

```
import pymysql
import numpy as np
import pandas as pd
import matplotlib as mpl
import matplotlib.pyplot as plt
mpl.rcParams['font.sans-serif']=['SimHei']
plt.rcParams['axes.unicode_minus']=False

#连接MySQL数据库
conn = pymysql.connect(host='127.0.0.1',port=3306,user='root',password='root',
                db='sales',charset='utf8')
cursor = conn.cursor()

#读取MySQL订单表数据
v1 = []
v2 = []
sql_num = "SELECT region,cast(sales AS FLOAT) FROM orders where dt=2022
        sales<=6000"
cursor.execute(sql_num)
sh = cursor.fetchall()
for s in sh:
    v1.append(s[0])
```

```
    v2.append(s[1])
data = np.transpose(pd.DataFrame([v1,v2]))
data.columns = ['区域', '利润额']

group=data.区域.unique()
def group():
    df=[]
    group=data.区域.unique()
    for x in group:
        a=data.利润额[data.区域==x]
        df.append(a)
    return df
box1,box2,box3,box4,box5,box6=group()[0],group()[1],group()[2],group()[3],
group()[4],group()[5]

#绘制箱形图并设置需要的参数
plt.figure(figsize=(15,7))
plt.boxplot([box1,box2,box3,box4,box5,box6],vert=False,showmeans=False,
            showbox = True)
plt.yticks([1, 2, 3, 4, 5, 6],['东北','中南','华东','华北','西北','西南'])

#设置坐标轴和标题字体大小
plt.xlabel('销售额',fontsize=20)
plt.xticks(fontproperties='Times New Roman',size=15)
plt.ylabel('区域',fontsize=20)
plt.yticks(fontproperties='SimHei',size=15)
plt.title('各区域销售业绩分析',fontsize=25)
plt.show()
```

在JupyterLab中运行上述代码，生成如图6-7所示的箱形图。

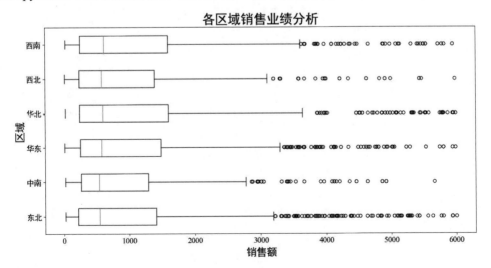

图 6-7　区域销售业绩分析

从图6-7中可以看出，该企业在2022年6个地区的销售业绩没有明显的差异，每个区域的平均销售额均为500元左右。

6.7 动手练习

动手练习1：使用数据库中的订单表（orders），利用Matplotlib绘制如图6-8所示的2022年不同地区商品销售额的环形图。

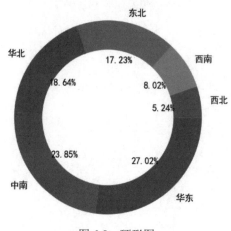

图 6-8 环形图

动手练习2：使用数据库中的订单表（orders），利用Matplotlib绘制如图6-9所示的每月商品销售额波动趋势的折线图。

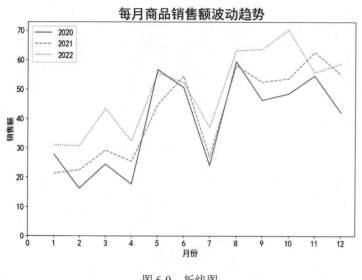

图 6-9 折线图

第 7 章

Matplotlib高级绘图

本章通过使用存储在集群中的实际案例数据介绍Matplotlib绘制一些高级图形，包括树形图、误差条形图、火柴杆图、甘特图、自相关图、图形整合等。

7.1 树形图及应用案例

树形图（Tree Diagram）也称树枝状图，可分为树图和矩形树图，它将一个大的主题或问题分解为许多嵌套的小问题或细节。树形图是数据树的图形表示形式，以父子层次结构来组织对象。本节介绍树形图的概念及其绘制技巧。

7.1.1 树形图的适用场景

树形图采用矩形表示层次结构的节点，父子层次关系用矩阵间的相互嵌套来表达。从根节点开始，空间根据相应的子节点数目被分为多个矩形，矩形面积大小对应节点属性。每个矩形又按照相应节点的子节点递归地进行分割，直到叶子节点为止。

树形图图形紧凑，同样大小的画布可以展现更多信息，以及成员间的权重。但是，它也存在一些缺点，比如不够直观、明确，不像树图那么清晰，分类占比太小时不容易排布等缺点。

树形图适合展现具有层级关系的数据，能够直观体现同级之间的数据比较。例如，在商业领域，树形图可以用于展示公司的业务结构分析，包括公司组织架构、职位层次和业务分支等。其中根节点代表公司整体，子节点代表不同的业务部门或职位，叶子节点代表具体的操作或任务。

7.1.2 案例：不同省份销售额的比较分析

为了深入研究某企业的产品是否具有区域差异性,可以绘制一个该企业销售额的矩形树图,我们编写Python代码如下:

```
import pymysql
import squarify
import matplotlib as mpl
import matplotlib.pyplot as plt
mpl.rcParams['font.sans-serif']=['SimHei']
plt.rcParams['axes.unicode_minus']=False

#连接MySQL数据库
conn = pymysql.connect(host='127.0.0.1',port=3306,user='root',password='root',
                       db='sales',charset='utf8')
cursor = conn.cursor()

#读取MySQL订单表数据
v1 = []
v2 = []
sql_num = "SELECT province, ROUND(SUM(sales/10000),2)  as sales FROM orders WHERE
          dt=2022 GROUP BY province order by sales desc"
cursor.execute(sql_num)
sh = cursor.fetchall()
for s in sh:
    v1.append(s[0])
    v2.append(s[1])

#绘制树形图
plt.figure(figsize=(15,8))
colors = ['steelblue','red','indianred','green','yellow','orange'] #设置颜色数据
plot=squarify.plot(
    sizes=v2,                #指定绘图数据
    label=v1,                #标签
    color=colors,            #指定自定义颜色
    alpha=0.6,               #指定透明度
    value=v2,                #添加数值标签
    edgecolor='white',       #设置边界框为白色
    linewidth=6              #设置边框宽度
)

plt.rc('font',family='SimHei',size=15)                           #设置标签大小
plot.set_title('2022年企业销售额情况',fontdict={'fontsize':25}) #设置标题及大小
plt.axis('off')              #去除坐标轴
plt.tick_params(top='off',right='off')                          #去除上边框和右边框刻度
plt.show()
```

在JupyterLab中运行上述代码,生成如图7-1所示的树形图。

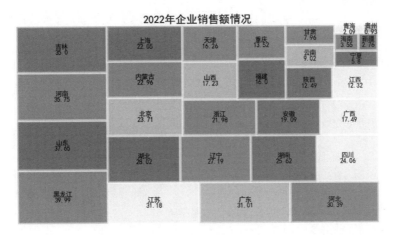

图 7-1 销售额树形图

从图7-1中可以看出，该企业2022年在各省份的销售额差异较大，其中黑龙江的销售额最多，为39.99万元，其次是山东，为37.65万元，再次是河南，为37.75万元。

7.2 误差条形图及应用案例

误差条形图（Error Bar Chart）是一种常用的数据可视化方法，用于在条形图或折线图中显示每个数据点的误差范围。误差条形图的主要目的是显示每个数据点的可靠性或变化，以使读者了解数据点的精确性和不确定性。本节介绍误差条形图及其应用案例。

7.2.1 误差条形图的适用场景

误差条形图的构建需要指定两个数值：一个是每个条形或数据点的中心值；另一个是误差范围，通常使用标准差或标准误差来表示。这些误差值通常被绘制为两条垂直线，连接每个数据点和误差范围。误差条形图可以嵌入条形图或者折线图中，或者被作为单独的图表展示。

误差条形图在许多领域都有应用，如科学、工程、制造、医疗和社会科学等。例如，在医学研究中，误差条形图常用于显示药物或其他治疗的有效性和可靠性。在制造业领域，误差条形图能够帮助人们了解生产过程的稳定性和产品品质的变化情况。

7.2.2 案例：门店业绩考核达标情况分析

为了深入研究某企业各个门店的销售业绩是否达标，可绘制销售额的误差条形图来进行分析，我们编写Python代码如下：

```python
import pymysql
import matplotlib as mpl
import matplotlib.pyplot as plt
mpl.rcParams['font.sans-serif']=['SimHei']
```

```
plt.rcParams['axes.unicode_minus']=False
```

#连接 MySQL 数据库
```
conn = pymysql.connect(host='127.0.0.1',port=3306,user='root',password='root',
                       db='sales',charset='utf8')
cursor = conn.cursor()
```

#读取 MySQL 订单表数据
```
v1 = []
v2 = []
v3 = []
sql_num = "SELECT store_name,SUM(sales)/10000,SUM(sales)/10000-50.00 FROM orders
          WHERE dt=2022 GROUP BY store_name"
cursor.execute(sql_num)
sh = cursor.fetchall()
for s in sh:
    v1.append(s[0])
    v2.append(s[1])
    v3.append(s[2])
```

#绘制误差条形图
```
plt.figure(figsize=(10,6))
plt.bar(v1, v2, yerr=v3, width=0.4, align='center', ecolor='r', color='green',
        label='门店销售额');
```

#添加坐标标签
```
plt.xlabel('门店名称', fontsize=20)
plt.xticks(fontproperties='SimHei',size=15)
plt.ylabel('销售额', fontsize=20)
plt.yticks(fontproperties='Times New Roman',size=15)
plt.title('2022 年门店业绩考核达标情况', fontsize=25)
plt.legend(loc='upper right',fontsize=20)
plt.show()
```

在JupyterLab中运行上述代码，生成如图7-2所示的误差条形图。

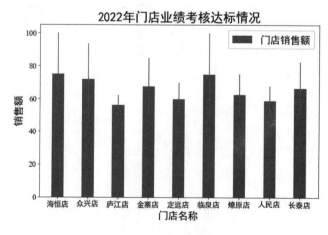

图 7-2　销售额误差条形图

从图7-2中可以看出，该企业在2022年各个门店的销售额与业绩目标的差额。

7.3 火柴杆图及应用案例

火柴杆图是用线条显示数据与x轴的距离，用一个小圆圈或者其他标记符号与线条相互连接，并在y轴上标记数据的的值。本节介绍火柴杆图及其应用案例。

7.3.1 火柴杆图的函数及其应用场景

Matplotlib绘制火柴杆图用plt.step()函数，该函数参数如下：

```
Matplotlib.plt.step(x, y, color, where, *)
```

火柴杆图多适用于需要美观地显示各种类型下的数值到x轴的距离的情况。

7.3.2 案例：不同省份送货准时性分析

为了深入研究某企业的产品送货准时性情况,可通过绘制送货延迟时间的火柴杆图来进行送货准时性分析，我们编写Python代码如下：

```
import pymysql
import matplotlib as mpl
import matplotlib.pyplot as plt
plt.rcParams['font.sans-serif']=['SimHei']
plt.rcParams['axes.unicode_minus']=False

#连接 MySQL 数据库
conn = pymysql.connect(host='127.0.0.1',port=3306,user='root',password='root',
db='sales',charset='utf8')
cursor = conn.cursor()

#读取 MySQL 订单表数据
v1 = []
v2 = []
v3 = []
sql_num = "SELECT province,avg(datediff(deliver_date,order_date)-planned_days)
FROM orders WHERE dt=2022 GROUP BY province"
cursor.execute(sql_num)
sh = cursor.fetchall()
for s in sh:
    v1.append(s[0])
    v2.append(s[1])
```

```
#绘制火柴杆图
plt.figure(figsize=(15,7))
label = "平均延迟天数"
markerline, stemlines, baseline = plt.stem(v1, v2, label=label)
plt.setp(markerline, color='red', marker='o')
plt.setp(stemlines, color='blue', linestyle=':')
plt.setp(baseline, color='grey', linewidth=3, linestyle='-')

plt.xlabel('省份', fontsize=20)
plt.xticks(fontproperties='SimHei',rotation=90,size=15)
plt.ylabel('平均延迟天数', fontsize=20)
plt.yticks(fontproperties='Times New Roman',size=15)
plt.title('2022 年各省份平均延迟天数', fontsize=25)
plt.legend(fontsize=20)
plt.show()
```

在JupyterLab中运行上述代码，生成如图7-3所示的火柴杆图。

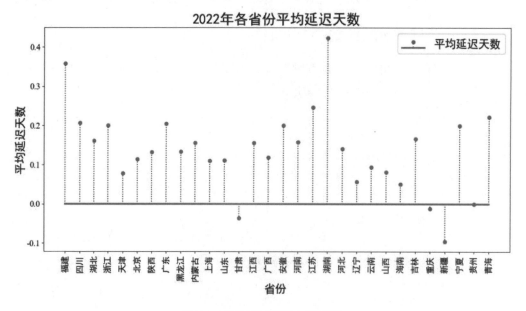

图 7-3　平均延误天数火柴杆图

从图7-3中可以看出，该企业在2022年商品在大部分省份均有不同程度的延迟，平均延迟天数最久的是湖南省。

7.4　甘特图及应用案例

本节介绍甘特图（Gantt Chart）的概念与绘制技巧。

7.4.1　甘特图及其应用场景

甘特图是一种项目计划管理工具,通过可视化的方式展示项目的时间进度和任务完成情况。它将项目划分为若干个任务,每个任务对应一个条形,任务的开始时间和结束时间分别对应条形的左右两端,这样一来,每个任务的长度就对应着完成任务所需要的时间长短,整个甘特图就像一个时间轴。甘特图除了展示任务的时间安排之外,还可以表达任务之间的依赖关系、任务的负责人、预算和实际完成情况等信息。在甘特图中,任务之间可以用箭头、连接线等形式表示其关联关系,而任务的状态则可以用颜色、填充等样式来区分。

甘特图可以应用于各种项目,包括建筑工程、软件开发、市场营销等领域。通过使用甘特图,项目管理者可以更加清晰地了解项目的进展和风险,及时做出调整和安排。甘特图也可以与其他工具集成,例如项目管理软件、数据分析工具等。

7.4.2　案例:企业信息化项目进度管理

可以通过绘制项目进度的甘特图来分析某企业信息化项目的进度情况,我们编写Python代码如下:

```python
#导入需要使用的库
import pymysql
import datetime
import numpy as np
import matplotlib as mpl
import matplotlib.pyplot as plt
import matplotlib.dates as mdates
import matplotlib.font_manager as font_manager
mpl.rcParams['font.sans-serif']=['SimHei']
plt.rcParams['axes.unicode_minus']=False

#定义了一个 Gantt 类,用于封装甘特图的绘制方法。其中,RdYlGr、POS_START 和
#POS_STEP 分别是甘特图使用的颜色列表、起始位置和步长
class Gantt(object):
    RdYlGr = ['#FF0000', '#f46d43', '#fdae61','#fee08b', '#ffffbf', '#d9ef8b',
              '#a6d96a', '#A67D3D', '#FFFAF0']
    POS_START = 1.0
    POS_STEP = 0.5

#__init__方法是 Gantt 类的初始化方法,它带有一个任务列表作为输入参数,并用于
#创建一个大小为 15×10 英寸的图像、一个轴对象、反转任务列表并将其存储在该类的 tasks 属性中
    def __init__(self, tasks):
        self._fig = plt.figure(figsize=(15,10))
        self._ax = self._fig.add_axes([0.1, 0.1, .75, .5])
        self.tasks = tasks[::-1]

#_format_date 方法用于将日期字符串转换成 matplotlib 可以识别的格式,并将其返回
```

129

```python
def _format_date(self, date_string):
    try:
        date = datetime.datetime.strptime(date_string, '%Y-%m-%d %H:%M:%S')
    except ValueError as err:
        logging.error("String '{0}' can not be converted to datetime object: {1}"
                .format(date_string, err))
        sys.exit(-1)
    mpl_date = mdates.date2num(date)
    return mpl_date

#_plot_bars 方法用于绘制每个任务的矩形，在轴上配置任务标签、颜色、高度、宽度和位置等属性
def _plot_bars(self):
    i = 0
    for task in self.tasks:
        start = self._format_date(task['start'])
        end = self._format_date(task['end'])
        bottom = (i * Gantt.POS_STEP) + Gantt.POS_START
        width = end - start
        self._ax.barh(bottom, width, left=start, height=0.3,align='center',
                    label=task['label'],color = Gantt.RdYlGr[i])
        i += 1

# _configure_yaxis 方法用于配置轴上 y 轴标签和刻度的位置和属性
    def _configure_yaxis(self):
        task_labels = [t['label'] for t in self.tasks]
        pos = self._positions(len(task_labels))
        ylocs = self._ax.set_yticks(pos)
        ylabels = self._ax.set_yticklabels(task_labels)
        plt.setp(ylabels, size=15)

#_configure_xaxis 方法用于配置轴上 x 轴标签和刻度的位置和属性
    def _configure_xaxis(self):
        self._ax.xaxis_date()
        rule = mdates.rrulewrapper(mdates.DAILY, interval=20)
        loc = mdates.RRuleLocator(rule)
        formatter = mdates.DateFormatter("%d %b")

        self._ax.xaxis.set_major_locator(loc)
        self._ax.xaxis.set_major_formatter(formatter)
        xlabels = self._ax.get_xticklabels()
        plt.setp(xlabels, rotation=30, fontsize=15)

# _configure_figure 方法用于配置图像的属性、x 轴和 y 轴的属性、网格和图例等属性
    def _configure_figure(self):
        self._configure_xaxis()
        self._configure_yaxis()
```

```
        self._ax.grid(True, color='gray')
        self._set_legend()
        self.fig.autofmt_xdate()
```

#_set_legend 方法用于设置图例属性

```
    def _set_legend(self):
        font = font_manager.FontProperties(size=15)
        self._ax.legend(loc='upper right', prop=font)
```

#_positions 方法用于计算每个任务的 y 轴位置

```
 def _positions(self, count):
        end = count * Gantt.POS_STEP + Gantt.POS_START
        pos = np.arange(Gantt.POS_START, end, Gantt.POS_STEP)
        return pos

    def show(self):
        self._plot_bars()
        self._configure_figure()
        plt.show()
```

#show 方法用于绘制甘特图，并根据前面所有方法中设置的属性来配置轴和图像的属性等

```
if __name__ == '__main__':
    TEST_DATA = (
                 { 'label': '项目调研', 'start':'2023-02-01 12:00:00', 'end':
                   '2023-03-15 18:00:00'},
                 { 'label': '项目准备', 'start':'2023-03-16 09:00:00', 'end':
                   '2023-04-09 12:00:00'},
                 { 'label': '制定方案', 'start':'2023-04-10 12:00:00', 'end':
                   '2023-06-01 18:00:00'},
                 { 'label': '项目实施', 'start':'2023-06-01 09:00:00', 'end':
                   '2023-11-01 13:00:00'},
                 { 'label': '项目培训', 'start':'2023-11-01 09:00:00', 'end':
                   '2023-11-21 13:00:00'},
                 { 'label': '项目验收', 'start':'2023-11-22 09:00:00', 'end':
                   '2023-12-25 13:00:00'},
                 { 'label': '项目竣工', 'start':'2023-12-25 09:00:00', 'end':
                   '2023-12-29 13:00:00'},
                 )

    #绘制甘特图
    gantt = Gantt(TEST_DATA)
    plt.xlabel('项目日期', fontsize=20)
    plt.xticks(fontproperties='Times New Roman',size=15)
    plt.ylabel('项目进度', fontsize=20)
    plt.yticks(fontproperties='SimHei',size=15)
    plt.title('项目进度甘特图', fontsize=25)
```

```
plt.figure(figsize=(10,10))
gantt.show()
```

在JupyterLab中运行上述代码，生成如图7-4所示的甘特图。

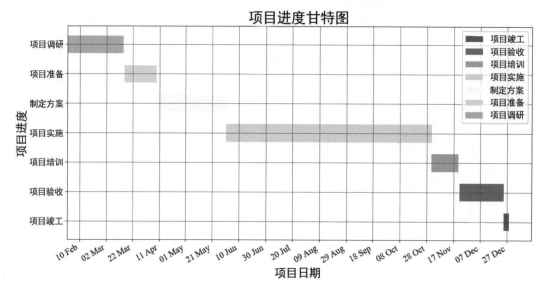

图 7-4　项目进度甘特图

从图7-4中可以看出，该企业的信息化项目的具体进度过程及其时间安排。

7.5　自相关图及应用案例

本节介绍自相关图及其应用案例。

7.5.1　自相关图及其应用场景

自相关图是一种用于分析时间序列数据的可视化工具，也称为自相关函数图（ACF图）。它以滞后时间为自变量，显示随着滞后时间的增加，自变量和其自身滞后值之间的相关性。

在自相关图中，x轴代表滞后时间，y轴代表自相关系数，也称为自相关函数（AutoCorrelation Function，ACF）。自相关系数是一个介于-1和1之间的值，用来衡量一个时间序列中当前值与不同滞后时间的值之间的相关程度。当自相关系数接近1时，表示时间序列中当前值与该滞后时间上的值高度相关；当自相关系数接近0时，表示两者之间的相关性较弱；当自相关系数接近-1时，则表示两者之间存在负相关性。

自相关图是广泛用于时间序列分析和信号处理等领域的重要工具，它可以反映数据的动态变化信息，对于研究因素之间的相互关系和趋势具有重要的意义。

其应用场景主要有以下几个。

- 时间序列分析：自相关图可以揭示时间序列数据的周期性和趋势性，并且可以帮助确定时间序列的最佳滞后量，进而创建预测模型。
- 信号处理：自相关函数用于反映一个信号在各个时刻之间的相似性，因此，自相关函数及其图形可以在信号处理中用于噪声滤波。
- 经济学：自相关图是经济学中时间序列数据的一种重要分析工具。例如，可以使用自相关图来分析股票市场或其他市场的价格波动趋势和周期性。
- 地理学：自相关图可用于确定同一地理实体（如一个地区、城市或国家）在长期间隔中是否存在相似性或重复性模式。这对于理解地理现象的演变和空间变化模式非常有用。

7.5.2　案例：股票价格的自相关分析

为了深入分析某企业的股票价格趋势，可以绘制股价的自相关图来进行分析，我们编写Python代码如下：

```python
import pymysql
import pandas as pd
import matplotlib as mpl
import matplotlib.pyplot as plt
from statsmodels.graphics.tsaplots import plot_acf, plot_pacf
mpl.rcParams['font.sans-serif']=['SimHei']
plt.rcParams['axes.unicode_minus']=False

#连接MySQL数据库
conn = pymysql.connect(host='127.0.0.1',port=3306,user='root',password='root',
                       db='sales',charset='utf8')
cursor = conn.cursor()

#读取MySQL订单表数据
v1 = []
v2 = []
v3 = []
sql_num = "SELECT date,close FROM stocks WHERE year(date)=2022 order by date asc"
cursor.execute(sql_num)
sh = cursor.fetchall()
for s in sh:
    v1.append(s[0])
    v2.append(s[1])
data=pd.DataFrame(v2,v1)
data = data.astype(float)

#绘制时序图
data.plot()
plt.title("股票收盘价的时序图", fontsize=25)
plt.xticks(fontproperties='Times New Roman',size=15)
plt.yticks(fontproperties='Times New Roman',size=15)
```

```
plt.legend(labels=['股价'],loc="upper left",fontsize=15)

#绘制自相关图
plot_acf(data)
plt.title("股票收盘价的自相关图", fontsize=25)
plt.xticks(fontproperties='Times New Roman',size=15)
plt.yticks(fontproperties='Times New Roman',size=15)

#绘制偏自相关图
plot_pacf(data)
plt.title("股票收盘价的偏自相关图", fontsize=25)
plt.xticks(fontproperties='Times New Roman',size=15)
plt.yticks(fontproperties='Times New Roman',size=15)
```

在JupyterLab中运行上述代码,生成如图7-5所示的时序图,从图中可以看出,该企业在2022年股票价格基本呈现上涨的趋势。

生成如图7-6所示的企业2022年股票收盘价的自相关图。

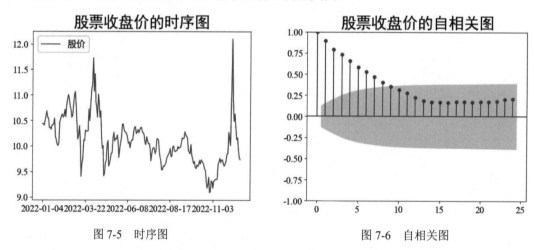

图 7-5 时序图　　　　　　　　　　　　图 7-6 自相关图

生成如图7-7所示的企业2022年股票收盘价的偏自相关图。

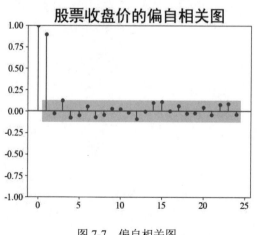

图 7-7 偏自相关图

7.6　图形整合及应用案例

本节介绍如何将多种图形整合在一起，以展现图形可视化的效果。

7.6.1　图形整合函数

Matplotlib可以把很多幅图画到一个显示界面上，这就需要将面板切分成一个个子图。Matplotlib提供两种面板划分方法：一是使用subplot函数，直接指定划分方式；二是使用subplots函数按位置进行绘图。下面介绍这两个函数的使用方法。

1. subplot 函数

在Matplotlib中，subplot函数用于将多个图像显示在一个窗口或者面板中，以便于进行可视化比较和分析。subplot函数的基本语法如下：

```
subplot(nrows, ncols, plot_number)
```

其中，nrows指定subplot的行数，ncols指定subplot的列数，而plot_number指示当前的subplot在由nrows和ncols定义的网格中的位置编号。

示例代码如下：

```
# -*- coding: utf-8 -*-
import Matplotlib as mpl
import Matplotlib.pyplot as plt

t=np.arange(0.0,2.0,0.1)
s=np.sin(t*np.pi)
plt.subplot(2,2,1)          #要生成两行两列，这是第一幅图
plt.plot(t,s,'b*')
plt.ylabel('y1')
plt.subplot(2,2,2)          #两行两列，这是第二幅图
plt.plot(2*t,s,'r--')
plt.ylabel('y2')
plt.subplot(2,2,3)          #两行两列，这是第三幅图
plt.plot(3*t,s,'m--')
plt.ylabel('y3')
plt.subplot(2,2,4)          #两行两列，这是第四幅图
plt.plot(4*t,s,'k*')
plt.ylabel('y4')
plt.show()
```

执行上面的代码，生成如图7-8所示的整合图形。

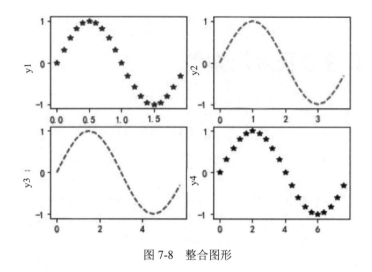

图 7-8　整合图形

2. subplots 函数

subplots函数与subplot函数类似，也用于在一个图像窗口中生成多个子图。与subplot函数不同的是，subplots函数能够一次性创建一个图像窗口和多个子图，并返回它们的对象，可以使得图像的控制更加简单快捷。

subplots函数的基本语法如下：

```
fig, axs = plt.subplots(nrows, ncols, sharex=False, sharey=False, squeeze=True,
subplot_kw=None, gridspec_kw=None, **fig_kw)
```

其中，nrows表示子图所占据的行数，ncols表示子图所占据的列数，fig_kw表示生成图像窗口的属性参数，subplot_kw和gridspec_kw分别表示子图和网格的属性参数。

函数的返回值是一个包含两个元素的元组(fig, axs)，第一个元素fig是生成的图像窗口，第二个元素axs是包含所有子图对象的数组，数组的大小是nrows×ncols。

这个方法更直接，可以事先把画板分隔好，请看下面的例子。

```
# -*- coding: utf-8 -*-
import Matplotlib as mpl
import Matplotlib.pyplot as plt

t=np.arange(0.0,2.0,0.1)
s=np.sin(t*np.pi)
c=np.cos(t*np.pi)
figure,ax=plt.subplots(2,2)
ax[0][0].plot(t,s,'r*')
ax[0][1].plot(t*2,s,'b--')
ax[1][0].plot(t,c,'g*')
ax[1][1].plot(t*2,c,'y--')
```

执行上面的代码，生成如图7-9所示的整合图形。

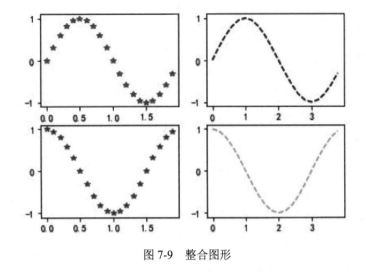

图 7-9 整合图形

通过将多幅图形有机地整合为一幅图形，便于对相关数据进行深入的比较分析。

7.6.2 案例：区域销售额与利润额分析

由于受区域经济环境、生活环境、文化环境等影响，电商企业的产品销售往往会呈现区域性差异，为了深入研究某企业的产品是否在2022年具有区域性差异，这里使用subplot函数进行可视化分析。我们编写的Python代码如下：

```
import pymysql
from pylab import *
import matplotlib as mpl
import matplotlib.pyplot as plt
mpl.rcParams['font.sans-serif']=['SimHei']
plt.rcParams['axes.unicode_minus']=False

#连接 MySQL 数据库
conn = pymysql.connect(host='127.0.0.1',port=3306,user='root',password='root',
                       db='sales',charset='utf8')
cursor = conn.cursor()

#读取 MySQL 订单表数据
v1 = []
v2 = []
v3 = []
v4 = []
sql_num = "SELECT region,ROUND(SUM(sales)/10000,2),ROUND(SUM(profit)/10000,2),
           ROUND(SUM(amount),2) FROM orders WHERE dt=2022 GROUP BY region"
cursor.execute(sql_num)
sh = cursor.fetchall()
for s in sh:
   v1.append(s[0])
```

```
    v2.append(s[1])
    v3.append(s[2])
    v4.append(s[3])
#图形整合
plt.figure(figsize=(15,8))
subplot(231)
plt.plot(v1, v2)    #v1、v2 的折线图
subplot(232)
plt.bar(v1, v3)     #v1、v3 的条形图
subplot(233)
plt.barh(v2, v3, alpha=0.8, color='red', edgecolor='red', lw=3)   #v2、v3 的水平条
形图
subplot(234)
plt.bar(v2, v3, alpha=0.8, width=1.6, color='yellow', edgecolor='red', lw=1)   #v2、
v3 的条形图
subplot(235)
plt.boxplot(v2)      #v2 的箱线图
subplot(236)
plt.scatter(v2, v3)    #v2、v3 的散点图

plt.suptitle('2022 年区域销售额比较分析', fontsize=25)
plt.show()
```

在JupyterLab中运行上述代码，生成如图7-10所示的复合图形。

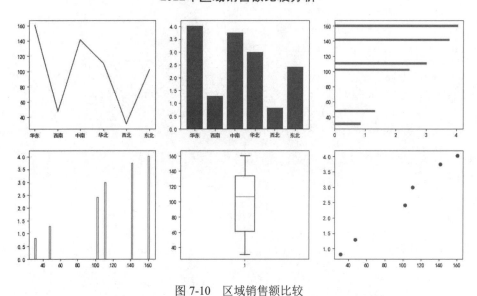

图 7-10　区域销售额比较

从图7-10中可以看出，该企业在2022年各地区销售额的基本情况，其中华东地区的销售额和利润额均最多。

7.7 动手练习

动手练习1：使用2023年1月的商品退单数据（商品退单量.xls），利用Matplotlib绘制如图7-11所示的不同类型商品退单量的树形图。

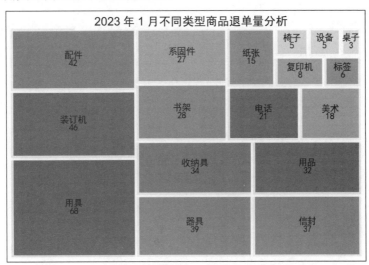

图 7-11　树形图

动手练习2：使用数据库中的订单表（orders），利用Matplotlib绘制如图7-12所示的相关系数热力图。

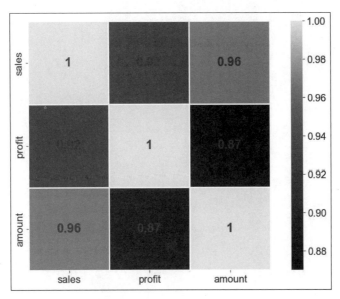

图 7-12　相关系数热力图

第3篇 Pyecharts 数据可视化

本篇通过案例介绍Python中另一个非常重要的可视化包——Pyecharts，它是一款将Python与Echarts相结合的强大的数据可视化工具，可以高度灵活地配置，轻松搭配出精美的图表。本篇介绍如何通过Pyecharts绘制可视化视图，包括图形的参数配置，以及绘制一些常用的视图，如折线图、条形图、箱形图、日历图、漏斗图、仪表盘、环形图等共计16种。此外，还会通过具体案例介绍Pyecharts如何与Django进行集成。本篇介绍Pyecharts的绘图技巧与参数运用。

第 8 章

Pyecharts图形参数配置

Pyecharts是一个Python第三方数据可视化库，可以使用它来创建各种交互式图形。在使用Pyecharts进行数据可视化分析时，会涉及很多参数，学会这些图形的参数配置是数据可视化的基础。

Pyecharts中的参数配置比较简单，可以分为全局配置项和系列配置项，本章将深入细致地列出每种配置，同时还会简单介绍Pyecharts的几种运行环境，读者可以根据实际工作需求选择适合自己的程序运行环境。

8.1 全局配置项

Pyecharts视图的全局配置项文件位于\Anaconda3\Lib\site-packages\pyecharts\options下的global_options.py文档中，可以通过set_global_options()方法设置。

8.1.1 基本元素配置项

Pyecharts的基本元素配置项主要包括InitOpts、ToolBoxFeatureOpts、ToolboxOpts、TitleOpts、DataZoomOpts、LegendOpts、VisualMapOpts、TooltipOpts等配置。

1. InitOpts

init_opts是Pyecharts中的一个初始化参数，用于设置图形的全局配置，其作用是将全局配置信息保存在图形对象的属性中，这样整个图形的样式和显示方式都可以按照设定值来展示，让图形更加统一和美观。

init_opts可用的参数比较多，包括宽度、高度、主题颜色、标题、图例位置和格式等，具体如表8-1所示。

表 8-1　init_opts 配置项及说明

配　置　项	说　　明
width	图表画布宽度
height	图表画布高度
chart_id	图表ID，图表唯一标识，用于在多图表时区分图表
renderer	渲染风格，可选"canvas"、"svg"
page_title	网页标题
theme	图表主题
bg_color	图表背景颜色
js_host	用于设置Pyecharts的JS文件的主机地址，若不设置，则默认为https://assets.pyecharts.org/assets/"
animation_opts	画图动画初始化配置

2. ToolBoxFeatureOpts

ToolBoxFeatureOpts用于控制工具条中的某些功能项是否启用以及是否显示。通过ToolBoxFeatureOpts设置可以为使用Pyecharts创建的图表添加不同的工具栏操作，包括数据区域缩放查看、数据预览、数据下载、刷新、转存图片等。

ToolBoxFeatureOpts工具箱工具的配置项如表8-2所示。

表 8-2　工具箱工具配置项

配　置　项	说　　明
save_as_image	保存为图片
restore	配置项还原
data_view	数据视图工具，可以展现当前图表所用的数据，编辑后可以动态更新
data_zoom	数据区域缩放，目前只支持直角坐标系的缩放
magic_type	动态类型切换
brush	选框组件的控制按钮

3. ToolboxOpts

ToolboxOpts可以用于配置图表工具箱的具体行为和外观。ToolboxOpts工具箱的配置项如表8-3所示。

表 8-3　工具箱配置项

配　置　项	说　　明
is_show	是否显示工具栏组件
orient	工具栏Icon的布局朝向，可选'horizontal'、'vertical'
pos_left	工具栏组件离容器左侧的距离。left的值可以是像20这样的具体像素值，可以是像'20%'这样相对于容器高宽的百分比，也可以是'left'、'center'、'right'。如果left的值为'left'、'center'、'right'，组件就会根据相应的位置自动对齐

配 置 项	说　　明
pos_right	工具栏组件离容器右侧的距离。right的值可以是像20这样的具体像素值，也可以是像'20%'这样相对于容器高宽的百分比
pos_top	工具栏组件离容器上侧的距离。top的值可以是像20这样的具体像素值，可以是像'20%' 这样相对于容器高宽的百分比，也可以是'top'、'middle'、'bottom'。如果top的值为'top'、'middle'、'bottom'，组件就会根据相应的位置自动对齐
pos_bottom	工具栏组件离容器下侧的距离。bottom的值可以是像20这样的具体像素值，也可以是像'20%' 这样相对于容器高宽的百分比
feature	各工具配置项

4. TitleOpts

TitleOpts可以用于配置图表标题的具体行为和外观，它通过传递不同的参数调整标题的行为和样式。

TitleOpts的配置项如表8-4所示。

表8-4　标题配置项

配 置 项	说　　明
is_show	是否显示标题组件
title	主标题文本，支持使用\n换行
title_link	主标题跳转URL链接
title_target	主标题跳转链接方式，默认值是blank，可选参数有'self'和'blank'，'self'表示打开当前窗口，'blank'表示打开新窗口
subtitle	副标题文本，支持使用\n换行
subtitle_link	副标题跳转URL链接
subtitle_target	副标题跳转链接方式默认值是blank，可选参数有'self'和'blank'，'self'表示打开当前窗口，'blank'表示打开新窗口
pos_left	title组件离容器左侧的距离。left的值可以是像20这样的具体像素值，可以是像'20%'这样相对于容器高宽的百分比，也可以是'left'、'center'、'right'。如果left的值为'left'、'center'、'right'，那么组件会根据相应的位置自动对齐
pos_right	title组件离容器右侧的距离。right的值可以是像20这样的具体像素值，也可以是像'20%'这样相对于容器高宽的百分比
pos_top	title组件离容器上侧的距离。top的值可以是像20这样的具体像素值，也可以是像'20%'这样相对于容器高宽的百分比，也可以是'top'、'middle'、'bottom'。如果top的值为'top'、'middle'、'bottom'，那么组件会根据相应的位置自动对齐
pos_bottom	title组件离容器下侧的距离。bottom的值可以是像20这样的具体像素值，也可以是像'20%'这样相对于容器高宽的百分比
padding	标题内边距，单位为px，默认各方向内边距为5，可以通过数组分别设定上、右、下、左边距
item_gap	主副标题之间的间距

（续表）

配　置　项	说　　明
text_align	整体（包括text和subtext）水平对齐，可选值有'auto'、'left'、'right'、'center'
text_vertical_align	整体（包括text和subtext）垂直对齐，可选值有'auto'、'left'、'right'、'center'
is_trigger_event	是否触发事件
title_textstyle_opts	主标题字体样式配置项
subtitle_textstyle_opts	副标题字体样式配置项

5. DataZoomOpts

DataZoomOpts可用于在图表中添加数据的缩放和漫游功能。

DataZoomOpts的配置项如表8-5所示。

表 8-5　DataZoomOpts 的配置项及说明

配　置　项	说　　明
is_show	是否显示组件。如果设置为False，那么不会显示，但是数据过滤的功能还存在
type_	组件类型，可选"slider"、"inside"
is_realtime	拖动时，是否实时更新系列视图。如果设置为False，那么只在拖动结束的时候更新
range_start	数据窗口范围的起始百分比。范围是0%～100%
range_end	数据窗口范围的结束百分比。范围是0%～100%
start_value	数据窗口范围的起始数值。如果设置了start，那么startValue失效
end_value	数据窗口范围的结束数值。如果设置了end，那么endValue失效
orient	布局方式是横还是竖。不仅是布局方式，对于直角坐标系而言，也决定了默认情况下控制横向数轴还是纵向数轴，可选值为'horizontal'、'vertical'
xaxis_index	设置dataZoom-inside组件控制的x轴（xAxis，是直角坐标系中的概念，参见Grid）。不指定时，当dataZoom-inside.orient为'horizontal'时，默认控制和dataZoom平行的第一个xAxis。如果是number，那么表示控制一个轴；如果是 Array，那么表示控制多个轴
yaxis_index	设置dataZoom-inside组件控制的y轴（yAxis，是直角坐标系中的概念）。不指定时，当dataZoom-inside.orient为'horizontal'时，默认控制和dataZoom平行的第一个yAxis。如果是number，那么表示控制一个轴；如果是Array，那么表示控制多个轴
is_zoom_lock	是否锁定选择区域（或叫作数据窗口）的大小。如果设置为True，那么锁定选择区域的大小，也就是说，只能平移，不能缩放
pos_left	dataZoom-slider组件离容器左侧的距离。left的值可以是像20这样的具体像素值，可以是像'20%'这样相对于容器高宽的百分比，也可以是'left'、'center'、'right'。如果left的值为'left'、'center'、'right'，那么组件会根据相应的位置自动对齐
pos_top	dataZoom-slider组件离容器上侧的距离。top的值可以是像20这样的具体像素值，可以是像'20%'这样相对于容器高宽的百分比，也可以是'top'、'middle'、'bottom'。如果top的值为'top'、'middle'、'bottom'，那么组件会根据相应的位置自动对齐
pos_right	dataZoom-slider组件离容器右侧的距离。right的值可以是像20这样的具体像素值，也可以是像'20%'这样相对于容器高宽的百分比。默认自适应

（续表）

配 置 项	说 明
pos_bottom	dataZoom-slider组件离容器下侧的距离。bottom的值可以是像20 这样的具体像素值，也可以是像 '20%' 这样相对于容器高宽的百分比。默认自适应
filter_mode	dataZoom的运行原理是通过数据过滤以及在内部设置轴的显示窗口来达到数据窗口缩放的效果。 • 'filter'：当前数据窗口外的数据，被过滤掉。即会影响其他轴的数据范围。每个数据项，只要有一个维度在数据窗口外，整个数据项就会被过滤掉。 • 'weakFilter'：当前数据窗口外的数据，被过滤掉。即会影响其他轴的数据范围。每个数据项，只有当全部维度都在数据窗口同侧外部，整个数据项才会被过滤掉。 • 'empty'：当前数据窗口外的数据，被设置为空。即不会影响其他轴的数据范围。 • 'none'：不过滤数据，只改变数轴范围

6. LegendOpts

LegendOpts可以用于配置图例的具体行为和外观，它通过传递不同的参数调整图例的行为和样式。

LegendOpts的配置项如表8-6所示。

表 8-6　LegendOpts 的配置项及说明

配 置 项	说 明
type_	图例的类型。可选值：'plain'：普通图例。默认就是普通图例。'scroll'：可滚动翻页的图例。当图例数量较多时可以使用
selected_mode	图例选择的模式，控制是否可以通过单击图例改变系列的显示状态。默认开启图例选择，可以设成False关闭。除此之外，也可以设成'single'或者'multiple'，使用单选或者多选模式
is_show	是否显示图例组件
pos_left	图例组件离容器左侧的距离。left的值可以是像20这样的具体像素值，可以是像'20%'这样相对于容器高宽的百分比，也可以是'left'、'center'、'right'。如果left的值为'left'、'center'、'right'，那么组件会根据相应的位置自动对齐
pos_right	图例组件离容器右侧的距离。right的值可以是像20这样的具体像素值，也可以是像'20%'这样相对于容器高宽的百分比
pos_top	图例组件离容器上侧的距离。top的值可以是像20这样的具体像素值，可以是像'20%'这样相对于容器高宽的百分比，也可以是'top'、'middle'、'bottom'。如果top的值为'top'、'middle'、'bottom'，那么组件会根据相应的位置自动对齐
pos_bottom	图例组件离容器下侧的距离。bottom的值可以是像20这样的具体像素值，也可以是像'20%'这样相对于容器高宽的百分比
orient	图例列表的布局朝向，可选：'horizontal'、'vertical'

配 置 项	说 明
align	图例标记和文本的对齐。默认为自动（auto），根据组件的位置和orient决定，当组件的left值为'right'以及纵向布局（orient为'vertical'）的时候为右对齐，即为'right'。可选参数：'auto'、'left'、'right'
padding	图例内边距，单位为px，默认各方向内边距为5
item_gap	图例每项之间的间隔。横向布局时为水平间隔，纵向布局时为纵向间隔，默认间隔为10
item_width	图例标记的图形宽度，默认宽度为25
item_height	图例标记的图形高度，默认高度为14
inactive_color	图例关闭时的颜色，默认是#ccc
textstyle_opts	图例组件字体样式
legend_icon	图例项的icon，ECharts 提供的标记类型包括'circle'、'rect'、'roundRect'、'triangle'、'diamond'、'pin'、'arrow'、'none'。可以通过'image://url'设置为图片，其中URL为图片的链接，或者dataURI。可以通过'path://'将图标设置为任意的矢量路径
background_color	图例背景色，默认为透明
border_color	图例的边框颜色，支持的颜色格式同 backgroundColor
border_width	图例的边框线宽
border_radius	圆角半径，单位为px，支持传入数组分别指定 4 个圆角半径
page_button_item_gap	legend.type为'scroll'时有效，图例控制块中，按钮和页信息之间的间隔
page_button_gap	legend.type为'scroll'时有效，图例控制块和图例项之间的间隔
page_button_position	legend.type为'scroll'时有效，图例控制块的位置。可选值：'start'表示控制块在左或上，'end'表示控制块在右或下
page_formatter	legend.type为'scroll'时有效，图例控制块中，页信息的显示格式。默认为'{current}/{total}'，其中{current}是当前页号（从1开始计数），{total}是总页数
page_icon	legend.type为'scroll'时有效，图例控制块的图标
page_icon_color	legend.typ为'scroll'时有效，翻页按钮的颜色
page_icon_inactive_color	legend.type为'scroll'时有效，翻页按钮不激活时（翻页到头时）的颜色
page_icon_size	legend.type为'scroll'时有效，翻页按钮的大小。可以是数字，也可以是数组，如[10, 3]，表示[宽, 高]
is_page_animation	图例翻页是否使用动画
page_animation_duration_update	图例翻页时的动画时长
selector	图例组件中的选择器按钮，目前包括全选和反选两种功能，默认不显示，用户可手动开启，也可以手动配置每个按钮的标题
selector_position	选择器的位置，可以放在图例的尾部或者头部，对应的值分别为'end'和'start'，默认情况下，图例横向布局的时候，选择器放在图例的尾部；图例纵向布局的时候，选择器放在图例的头部

配　置　项	说　　明
selector_item_gap	选择器按钮之间的间隔
selector_button_gap	选择器按钮与图例组件之间的间隔

7. VisualMapOpts

VisualMapOpts是Pyecharts中的一个选项，可以用于配置视觉映射组件的具体行为和外观，可以通过传递不同的参数调整视觉映射组件的行为和样式。

VisualMapOpts的配置项如表8-7所示。

表 8-7　VisualMapOpts 的配置项及说明

配　置　项	说　　明
is_show	是否显示视觉映射配置
type_	映射过渡类型，可选："color"、"size"
min_	指定visualMapPiecewise组件的最小值
max_	指定visualMapPiecewise组件的最大值
range_text	两端的文本，如['High', 'Low']
range_color	visualMap组件的过渡颜色
range_size	visualMap组件的过渡symbol大小
range_opacity	visualMap图元及其附属物（如文字标签）的透明度
orient	如何放置visualMap组件，水平（'horizontal'）或竖直（'vertical'）
pos_left	visualMap组件离容器左侧的距离。left的值可以是像20这样的具体像素值，可以是像'20%'这样相对于容器高宽的百分比，也可以是'left'、'center'、'right'。如果left的值为'left'、'center'、'right'，那么组件会根据相应的位置自动对齐
pos_right	visualMap组件离容器右侧的距离。right的值可以是像20这样的具体像素值，也可以是像'20%'这样相对于容器高宽的百分比
pos_top	visualMap组件离容器上侧的距离。top的值可以是像20这样的具体像素值，可以是像'20%'这样相对于容器高宽的百分比，也可以是'top'、'middle'、'bottom'。如果top的值为'top'、'middle'、'bottom'，组件会根据相应的位置自动对齐
pos_bottom	visualMap组件离容器下侧的距离。bottom的值可以是像20这样的具体像素值，也可以是像'20%'这样相对于容器高宽的百分比
split_number	对于连续型数据，自动平均切分成几段。默认为5段。连续数据的范围需要 max 和 min 来指定
series_index	指定取哪个系列的数据，默认取所有系列
dimension	组件映射维度
is_calculable	是否显示拖动用的手柄（手柄能拖动调整选中范围）
is_piecewise	是否为分段型
is_inverse	是否反转visualMap组件
precision	数据展示的小数精度，连续型数据平均分段，精度根据数据自动适应，连续型数据可以自定义分段或离散数据根据类别分段模式，精度默认为0（没有小数）

配　置　项	说　　明
pieces	自定义的每一段的范围，每一段的文字，以及每一段的特别样式
out_of_range	定义在选中范围外的视觉元素（用户可以和visualMap组件交互，用鼠标或触摸选择范围）
item_width	图形的宽度，即长条的宽度
item_height	图形的高度，即长条的高度
background_color	visualMap 组件的背景色
border_color	visualMap 组件的边框颜色
border_width	visualMap边框线宽，单位为px
textstyle_opts	文字样式配置项

8. TooltipOpts

TooltipOpts是一个选项类，用于控制图表中的提示框的行为和样式。它定义了图表中的提示框组件并且控制着提示框的显示方式、显示内容和样式等。

TooltipOpts的配置项如表8-8所示。

表 8-8　TooltipOpts 的配置项与说明

配　置　项	说　　明
is_show	是否显示提示框组件，包括提示框浮层和axisPointer
trigger	触发类型。可选：'item'、'axis'、'none'
trigger_on	提示框触发的条件，可选：'mousemove'：鼠标移动时触发；'click'：单击鼠标时触发；'mousemove|click'：同时移动鼠标和单击时触发；'none'：不在'mousemove'或'click' 时触发
axis_pointer_type	指示器类型。可选：'line'：直线指示器；'shadow'：阴影指示器；'none'：无指示器；'cross'：十字准星指示器。其实是一种简写方式，表示启用两个正交轴的axisPointer
is_show_content	是否显示提示框浮层，默认显示。只需tooltip触发事件或显示axisPointer而不需要显示内容时，可配置该项为False
is_always_show_content	是否永远显示提示框内容，默认情况下在移出可触发提示框区域一定时间后隐藏，设置为True 可以保证一直显示提示框内容
show_delay	浮层显示的延迟，单位为ms，默认没有延迟，也不建议设置
hide_delay	浮层隐藏的延迟，单位为ms，在alwaysShowContent为True的时候无效
position	提示框浮层的位置，默认不设置时位置会跟随鼠标的位置
formatter	标签内容格式器，支持字符串模板和回调函数两种形式，字符串模板与回调函数返回的字符串均支持用\n换行
background_color	提示框浮层的背景颜色
border_color	提示框浮层的边框颜色
border_width	提示框浮层的边框宽
textstyle_opts	文字样式配置项

8.1.2　坐标轴配置项

Pyecharts的坐标轴配置项主要包括AxisLineOpts、AxisTickOpts、AxisPointerOpts、AxisOpts、SingleAxisOpts五个配置。

1. AxisLineOpts

AxisLineOpts用于控制坐标轴线的行为和样式。它允许用户设置坐标轴线的显示和隐藏，并且可定义轴线的宽度、颜色、类型等方面的样式设置。

AxisLineOpts的配置项及说明如表8-9所示。

表 8-9　AxisLineOpts 的配置项及说明

配　置　项	说　明
is_show	是否显示坐标轴轴线
is_on_zero	X轴或者Y轴的轴线是否在另一个轴的0刻度上，只有在另一个轴为数值轴且包含0刻度时有效
on_zero_axis_index	当有双轴时，可以用这个属性手动指定在哪个轴的0刻度上
symbol	轴线两边的箭头。可以是字符串，表示两端使用同样的箭头；或者长度为2的字符串数组，分别表示两端的箭头。默认不显示箭头，即'none'。两端都显示箭头可以设置为'arrow'。只在末端显示箭头可以设置为 ['none', 'arrow']
linestyle_opts	坐标轴线风格配置项

2. AxisTickOpts

AxisTickOpts用于控制坐标轴刻度线的行为和样式。它允许用户设置坐标轴线的刻度显示和隐藏，并且可定义刻度线的长度、颜色、宽度等方面的样式设置。

AxisTickOpts的配置项及说明如表8-10所示。

表 8-10　AxisTickOpts 的配置项及说明

配　置　项	说　明
is_show	是否显示坐标轴刻度
is_align_with_label	类目轴中在boundaryGap为True的时候有效，可以保证刻度线和标签对齐
is_inside	坐标轴刻度是否朝内，默认朝外
length	坐标轴刻度的长度
linestyle_opts	坐标轴线风格配置项

3. AxisPointerOpts

AxisPointerOpts用于控制鼠标指针移动到图表上时的提示框（tooltip）的样式。它允许用户设置提示框的显示内容、背景色、边框等方面的样式。

AxisPointerOpts的配置项和说明如表8-11所示。

表 8-11　AxisPointerOpts 的配置项和说明

配　置　项	说　　明
is_show	默认显示坐标轴指示器
link	不同轴的axisPointer可以进行联动，在这里设置。联动表示轴能同步一起活动。轴依据它们的axisPointer当前对应的值来联动。link是一个数组，其中每一项表示一个link group，一个group中的坐标轴互相联动
type_	指示器类型。默认为'line'。可选参数：'line'表示直线指示器；'shadow'表示阴影指示器；'none'表示无指示器
label	坐标轴指示器的文本标签，坐标轴标签配置项
linestyle_opts	坐标轴线风格配置项

4. AxisOpts

AxisOpts可用来设置坐标轴的类型、名称、刻度标签、坐标轴线和刻度线的样式等。AxisOpts的配置项和说明如表8-12所示。

表 8-12　AxisOpts 的配置项和说明

配　置　项	说　　明
type_	坐标轴类型。可选：'value'、'category'、'time'，例如会根据跨度的范围来决定使用月、星期、日还是小时范围的刻度
name	坐标轴名称
is_show	是否显示X轴
is_scale	只在数值轴中（type : 'value'）有效。设置成True后坐标刻度不会强制包含零刻度。在双数值轴的散点图中比较有用。在设置min和max之后该配置项无效
is_inverse	是否强制设置坐标轴分割间隔
name_location	坐标轴名称显示位置。可选：'start'、'middle'或者'center'、'end'
name_gap	坐标轴名称与轴线之间的距离
name_rotate	坐标轴名字旋转，角度值
interval	强制设置坐标轴分割间隔。因为splitNumber是预估的值，实际根据策略计算出来的刻度可能无法达到想要的效果，这时可以使用interval配合min、max强制设定刻度划分，一般不建议使用。无法在类目轴中使用。在时间轴（type: 'time'）中需要传时间戳，在对数轴（type: 'log'）中需要传指数值
grid_index	X轴所在的grid的索引，默认位于第一个grid
position	X轴的位置。可选：'top'、'bottom'。默认grid中的第一个x轴在grid的下方（'bottom'），第二个X轴视第一个X轴的位置放在另一侧
offset	Y轴相对于默认位置的偏移，在相同的position上有多个Y轴的时候有用
split_number	坐标轴的分割段数，需要注意的是，这个分割段数只是一个预估值，最后实际显示的段数会在这个基础上根据分割后坐标轴刻度显示的易读程度进行调整。默认值是5

配　置　项	说　　明
boundary_gap	坐标轴两边的留白策略，类目轴和非类目轴的设置和表现不一样。类目轴中，boundaryGap可以配置为True和False。默认为True，这时刻度只是作为分隔线，标签和数据点都会在两个刻度之间的带（band）中间。非类目轴，包括时间、数值、对数轴，boundaryGap是一个包含两个值的数组，分别表示数据最小值和最大值的延伸范围。可以直接设置数值或者相对的百分比，一旦设置了min和max，其他设置将无效
min_	坐标轴刻度最小值。可以设置成特殊值 'dataMin'，此时取数据在该轴上的最小值作为最小刻度。不设置时会自动计算最小值以保证坐标轴刻度的均匀分布。在类目轴中，也可以设置为类目的序数（如类目轴data也可以设置为负数，如-3）
max_	坐标轴刻度最大值。可以设置成特殊值'dataMax'，此时取数据在该轴上的最大值作为最大刻度。不设置时会自动计算最大值以保证坐标轴刻度的均匀分布。在类目轴中，也可以设置为类目的序数（如类目轴data也可以设置为负数，如-3）
min_interval	自动计算的坐标轴最小间隔大小。例如可以设置成1，以保证坐标轴分割刻度显示成整数。默认值是 0
max_interval	自动计算的坐标轴最大间隔大小。例如，在时间轴（type: 'time'）可以设置成3600×24×1000以保证坐标轴分割刻度最大为一天
axisline_opts	坐标轴刻度线配置项
axistick_opts	坐标轴刻度配置项
axislabel_opts	坐标轴标签配置项
axispointer_opts	坐标轴指示器配置项
name_textstyle_opts	坐标轴名称的文字样式
splitarea_opts	分割区域配置项
splitline_opts	分割线配置项
minor_tick_opts	坐标轴次刻度线相关设置
minor_split_line_opts	坐标轴在Grid区域中的次分隔线，次分隔线会对齐次刻度线 minorTick

5. SingleAxisOpts

SingleAxisOpts可用来设置坐标轴的类型、名称、名称位置、轴线和标签样式等。
SingleAxisOpts的配置项和说明如表8-13所示。

表 8-13　SingleAxisOpts 的配置项与说明

配　置　项	说　　明
name	坐标轴名称
max_	坐标轴刻度最大值。可以设置成特殊值 'dataMax'，此时取数据在该轴上的最大值作为最大刻度。不设置时会自动计算最大值以保证坐标轴刻度的均匀分布。在类目轴中，也可以设置为类目的序数（如类目轴 data也可以设置为负数，如-3）
min_	坐标轴刻度最小值。可以设置成特殊值 'dataMin'，此时取数据在该轴上的最小值作为最小刻度。不设置时会自动计算最小值以保证坐标轴刻度的均匀分布。在类目轴中，也可以设置为类目的序数（如类目轴 data也可以设置为负数，如-3）

（续表）

配　置　项	说　　明
pos_left	single组件离容器左侧的距离。left的值可以是像20这样的具体像素值，可以是像'20%'这样相对于容器高宽的百分比，也可以是'left'、'center'、'right'。如果left的值为'left'、'center'、'right'，那么组件会根据相应的位置自动对齐
pos_right	single组件离容器右侧的距离。right的值可以是像20这样的具体像素值，也可以是像'20%'这样相对于容器高宽的百分比
pos_top	single组件离容器上侧的距离。top的值可以是像20这样的具体像素值，可以是像'20%'这样相对于容器高宽的百分比，也可以是'top'、'middle'、'bottom'。如果top的值为'top'、'middle'、'bottom'，那么组件会根据相应的位置自动对齐
pos_bottom	single组件离容器下侧的距离。bottom的值可以是像20这样的具体像素值，也可以是像'20%'这样相对于容器高宽的百分比
width	single 组件的宽度。默认自适应
height	single 组件的高度。默认自适应
orient	轴的朝向，默认水平朝向，可以设置成'vertical'，即垂直朝向
type_	坐标轴类型。可选：'value'、'category'、'time'，以及'log'对数轴。根据跨度范围，可以选择使用月、星期、日或者小时范围的刻度。而'log'对数轴适用于对数数据

8.1.3　原生图形配置项

Pyecharts的原生图形配置项包括GraphicGroup、GraphicItem、GraphicBasicStyleOpts、GraphicShapeOpts、GraphicImage、GraphicImageStyleOpts、GraphicText、GraphicTextStyleOpts、GraphicRect 九个配置。

1. GraphicGroup

GraphicGroup是一个用于在ECharts中绘制多个图形元素的容器。它允许用户将多个图形元素组合在一起，形成复杂的图形展示效果。

GraphicGroup中可以包含多个图形元素，如线条、矩形、文本等，并且可以设定这些元素之间的排列方式和位置关系。可以通过GraphicGroup的属性来改变其中包含的图形元素的大小、颜色、边框等样式。

使用GraphicGroup可以有效地实现ECharts中的多层叠加，从而使图表更加富有层次感和视觉效果。同时，GraphicGroup也支持动态的图形展示效果，可以在一定条件下动态地添加、删除或绘制图形元素，实现更加丰富的交互效果。

GraphicGroup的配置项及说明如表8-14所示。

表 8-14　GraphicGroup 的配置项及说明

配　置　项	说　　明
graphic_item	图形的配置项
is_diff_children_by_name	根据其children中每个图形元素的name属性进行重绘
children	子节点列表，其中项都是一个图形元素定义。目前可以选择GraphicText、GraphicImage、GraphicRect

2. GraphicItem

GraphicItem是ECharts中的一个图形元素，它可以用于绘制多种形状、色彩、大小的图形。GraphicItem可以用于在ECharts图表中添加图形特效，例如点状的粒子效果、路径动画、涟漪效果或者指示标记等。

可以通过GraphicItem来定义图形元素的属性，例如形状、颜色、大小、位置、透明度等。具体使用时，用户可以通过调整GraphicItem的shape、style和position属性来改变图形的形状、样式和位置。可以通过设置GraphicItem的z属性来调整其在ECharts图表中的层级，使其置于前景或背景等。

使用GraphicItem，用户可以灵活地在ECharts图表中实现各种图形元素。这些图形元素可以用于表现数据集中的一些特殊含义或重要的信息，从而提高图表的信息密度和审美效果。同时，GraphicItem也支持动态绘制，可以随着时间、数据或者用户的交互而实现动态的图形效果，增强图表的交互性和可视化效果。

GraphicItem的配置项及说明如表8-15所示。

表 8-15　GraphicItem 的配置项及说明

配　置　项	说　明
id_	id用于在更新或删除图形元素时指定更新哪个图形元素，如果不需要用，那么可以忽略
action	指定对图形元素的操作行为。可选值包括：'merge'：如果已有元素，则新的配置项和已有的设定进行merge，如果没有则新建；'replace'：如果已有元素，则删除原有元素并新建元素替代之；'remove'：删除元素
position	平移（position）：默认值是 [0, 0]。表示 [横向平移的距离，纵向平移的距离]。右和下为正值
rotation	旋转（rotation）：默认值是0。表示旋转的弧度值。正值表示逆时针旋转
scale	缩放（scale）：默认值是 [1, 1]。表示 [横向缩放的倍数，纵向缩放的倍数]
origin	origin 指定了旋转和缩放的中心点，默认值是[0, 0]
left	描述怎么根据父元素进行定位。父元素是指：如果是顶层元素，父元素是ECharts图表容器；如果是group的子元素，父元素就是group元素。值的类型可以是：数值，表示像素值；百分比值，如'33%'，用父元素的高和此百分比计算出最终值；位置，如'center'，表示自动居中。注：left和right只有一个可以生效。如果指定left或right，则shape中的x、cx等定位属性不再生效
right	数值：表示像素值。百分比值：如'33%'，用父元素的高和此百分比计算出最终值。位置：如'center'：表示自动居中。注：left和right只有一个可以生效。如果指定left或right，则shape中的x、cx等定位属性不再生效
top	配置和left及right相同，注：top和bottom只有一个可以生效
bottom	配置和left及right相同，注：top和bottom只有一个可以生效
bounding	决定此图形元素在定位时，对自身的包围盒的计算方式。可选：'all'（默认）表示用自身以及子节点整体的经过transform后的包围盒进行定位，这种方式易于使整体都限制在父元素范围中；'raw'表示仅用自身（不包括子节点）的没经过transform的包围盒进行定位，这种方式易于内容超出父元素范围的定位方式

配 置 项	说 明
z	z方向的高度，决定层叠关系
z_level	决定此元素绘制在哪个canvas层中。注意，canvas层越多会占用越多资源
is_silent	是否不响应鼠标以及触摸事件
is_invisible	节点是否可见
is_ignore	节点是否完全被忽略（既不渲染，也不响应事件）
cursor	鼠标悬浮在图形元素上时的样式。同CSS的cursor
is_draggable	图形元素是否可以被拖动
is_progressive	是否渐进式渲染。当图形元素过多时才使用
width	用于描述此group的宽度。该宽度只用于给子节点定位。即使当宽度为零的时候，子节点仍然可以使用left
height	用于描述此group的高度。这个高度只用于给子节点定位。即使当高度为零的时候，子节点仍然可以使用top

3. GraphicBasicStyleOpts

GraphicBasicStyleOpts用于设置图形元素的颜色、透明度、边框、阴影、宽度等基本样式属性。用户可以通过创建一个GraphicBasicStyleOpts对象并设置其属性值来改变图形元素的基本样式。在ECharts图表中，可以通过将GraphicBasicStyleOpts对象传递给GraphicItem对象或者其他支持图形元素的组件（如Legend、Tooltip等）来实现对图形元素的样式编辑。

GraphicBasicStyleOpts的配置项及说明如表8-16所示。

表 8-16　GraphicBasicStyleOpts 的配置项及说明

配 置 项	说 明
fill	填充色
stroke	笔画颜色
line_width	笔画宽度
shadow_blur	阴影宽度
shadow_offset_x	阴影X方向偏移
shadow_offset_y	阴影Y方向偏移
shadow_color	阴影颜色

4. GraphicShapeOpts

GraphicShapeOpts可以用来控制图形的样式、填充颜色、边框样式、边框颜色、透明度、阴影等。

GraphicShapeOpts的配置项及说明如表8-17所示。

表 8-17　GraphicShapeOpts 的配置项及说明

配 置 项	说 明
pos_x	图形元素的左上角在父节点坐标系（以父节点左上角为原点）中的横坐标值
pos_y	图形元素的左上角在父节点坐标系（以父节点左上角为原点）中的纵坐标值

（续表）

配　置　项	说　　明
width	图形元素的宽度
height	图形元素的高度
r	可以用于设置圆角矩形。r可以缩写，例如r缩写为[1]相当于[1,1,1,1]，r缩写为[1,2]相当于[1,2,1,2]

5. GraphicImage

GraphicImage是一个基于HTML5 Canvas构建的可定制图像组件。它可以用于在图表中添加自定义图片，例如公司标志或其他自定义图像。

使用该组件时，需要注意以下几点：

- 图片必须是 SVG、PNG 或 JPEG 格式的，且可以通过 URL 或本地文件路径加载。
- 组件可以设置图片的位置、大小、透明度和旋转角度。
- 图片可以添加超链接，以使其成为交互式组件，并且可以添加响应事件，与其他组件事件一起触发。

GraphicImage的配置项及说明如表8-18所示。

表 8-18　GraphicImage 的配置项及说明

配　置　项	说　　明
graphic_item	图形的配置项
graphic_imagestyle_opts	图形图片样式的配置项

6. GraphicImageStyleOpts

Pyecharts中的GraphicImageStyleOpts配置项用于设置图形元素中的图片样式。
GraphicImageStyleOpts的配置项及说明如表8-19所示。

表 8-19　GraphicImageStyleOpts 的配置项及说明

配　置　项	说　　明
image	图片的内容，可以是图片的URL
pos_x	图形元素的左上角在父节点坐标系（以父节点左上角为原点）中的横坐标值
pos_y	图形元素的左上角在父节点坐标系（以父节点左上角为原点）中的纵坐标值
width	图形元素的宽度
height	图形元素的高度
opacity	透明度为0～1，1即完整显示
graphic_basicstyle_opts	图形基本配置项

7. GraphicText

GraphicText是一个图形组件，用于在ECharts图表中添加自定义文本元素。它可以用于向图表中添加注释、标题、图例等文本标签。

使用GraphicText组件时，需要注意以下几点：

- 文本可以设置颜色、字体、大小、位置以及文本内容。
- 文本可以以静态文本或动态文本的形式呈现。
- 文本可以采用垂直或水平对齐方式。
- 可以添加响应事件，与其他组件事件一起触发。

GraphicText的配置项及说明如表8-20所示。

表 8-20　GraphicText 的配置项及说明

配　置　项	说　　明
graphic_item	图形的配置项
graphic_textstyle_opts	图形文本样式的配置项

8. GraphicTextStyleOpts

GraphicTextStyleOpts是用于控制图形组件文本样式的一组选项。它可以用于设置文本的字体、大小、颜色、文本阴影、对齐方式等属性，从而实现更精细的文本效果。

GraphicTextStyleOpts的配置项及说明如表8-21所示。

表 8-21　GraphicTextStyleOpts 的配置项及说明

配　置　项	说　　明
text	文本块文字。可以使用\n来换行
pos_x	图形元素的左上角在父节点坐标系（以父节点左上角为原点）中的横坐标值
pos_y	图形元素的左上角在父节点坐标系（以父节点左上角为原点）中的纵坐标值
font	字体大小、字体类型、粗细、字体样式
text_align	水平对齐方式，可取值：'left'、'center'、'right'。默认值为'left'
text_vertical_align	垂直对齐方式，可取值：'top'、'middle'、'bottom'。默认值为'None'
graphic_basicstyle_opts	图形基本配置项

9. GraphicRect

GraphicRect是其内置图形元素之一。它提供了一个矩形，可以在图表上绘制。

GraphicRect是通过在前端使用JavaScript和HTML5 Canvas创建的。传入的参数是一个包含矩形位置、大小、样式、事件等的字典，可以指定矩形的位置、大小、背景色、边框颜色和宽度等样式属性，也可以为矩形指定鼠标悬停或单击事件处理程序，以及动画效果等。

在实际应用中，可以使用GraphicRect在图表上绘制矩形，用于标识特定数据点或区域，或者创建一些自定义的图表元素。

GraphicRect的配置项及说明如表8-22所示。

表 8-22　GraphicRect 的配置项及说明

配　置　项	说　　明
graphic_item	图形的配置项
graphic_shape_opts	图形的形状配置项
graphic_basicstyle_opts	图形基本配置项

8.2　系列配置项

Pyecharts视图的系列配置项文件位于\Anaconda3\Lib\site-packages\pyecharts\options下的series_options.py文档中，可以通过set_series_options()方法进行设置。

8.2.1　样式类配置项

Pyecharts的样式类配置项主要包括ItemStyleOpts、TextStyleOpts、LabelOpts、LineStyleOpts、SplitLineOpts五个配置。

1. ItemStyleOpts

ItemStyleOpts是一种控制图表系列元素（例如标记点或线条）样式的对象。它可以接受多个参数来控制系列中每个元素的样式，如颜色、边框大小、阴影等。

ItemStyleOpts的配置项及说明如表8-23所示。

表 8-23　ItemStyleOpts 的配置项及说明

配　置　项	说　　明
color	图形的颜色
color0	阴线图形的颜色
border_color	图形的描边颜色。支持的颜色格式同color，不支持回调函数
border_color0	阴线图形的描边颜色
border_width	描边宽度，默认不描边
border_type	支持'dashed'、'dotted'
opacity	图形透明度。支持从 0 到 1 的数字，为 0 时不绘制该图形
area_color	区域的颜色

2. TextStyleOpts

TextStyleOpts是一种控制文本样式的对象。它可以接受多个参数来控制文本的字体、大小、颜色、对齐方式以及是否进行加粗等操作。

TextStyleOpts的配置项及说明如表8-24所示。

表 8-24　TextStyleOpts 的配置项及说明

配　置　项	说　　明
color	文字颜色
font_style	文字字体的风格可选：'normal'、'italic'、'oblique'
font_weight	主标题文字字体的粗细，可选：'normal'、'bold'、'bolder'、'lighter'
font_family	文字的字体系列，可选：'serif'、'monospace'、'Arial'、'Courier New'、'Microsoft YaHei'

（续表）

配　置　项	说　　明
font_size	文字的字体大小
align	文字水平对齐方式，默认自动
vertical_align	文字垂直对齐方式，默认自动
line_height	行高
background_color	文字块背景色。可以是直接的颜色值，例如'#123234'、'red'、'rgba(0,23,11,0.3)'
border_color	文字块边框颜色
border_width	文字块边框宽度
border_radius	文字块的圆角
padding	文字块的内边距。例如padding: [3, 4, 5, 6]表示[上，右，下，左]的边距，padding: 4表示 padding: [4, 4, 4, 4]，padding: [3, 4]表示 padding: [3, 4, 3, 4]
shadow_color	文字块的背景阴影颜色
shadow_blur	文字块的背景阴影长度
width	文字块的宽度
height	文字块的高度
rich	在rich里面，可以自定义富文本样式。利用富文本样式，可以在标签中做出非常丰富的效果

3. LabelOpts

LabelOpts是控制图表标签样式、格式和位置的对象。它可以接受多个参数来控制标签的字体、颜色、大小，以及标签文本的格式和位置等属性。

LabelOpts的配置项及说明如表8-25所示。

表 8-25　LabelOpts 的配置项及说明

配　置　项	说　　明
is_show	是否显示标签
position	标签的位置。可选：'top'、'left'、'right'、'bottom'、'inside'、'insideLeft'、'insideRight''insideTop'、'insideBottom'、'insideTopLeft'、'insideBottomLeft'、'insideTopRight'、'insideBottomRight'
color	文字的颜色。如果设置为 'auto'，则为视觉映射得到的颜色，如系列色
distance	距离图形元素的距离。当position为字符描述值（如'top'、'insideRight'）时有效
font_size	文字的字体大小
font_style	文字字体的风格，可选：'normal'、'italic'、'oblique'
font_weight	文字字体的粗细，可选：'normal'、'bold'、'bolder'、'lighter'
font_family	文字的字体系列，可选：'serif'、'monospace'、'Arial'、'Courier New'、'Microsoft YaHei'
rotate	标签旋转。从-90度到90度。正值是逆时针
margin	刻度标签与轴线之间的距离
interval	坐标轴刻度标签的显示间隔，在类目轴中有效。默认会采用标签不重叠的策略间隔显示标签。可以设置成0强制显示所有标签。如果设置为1，那么表示隔一个标签显示一个标签，如果设置为2，那么表示隔两个标签显示一个标签，以此类推。可以用数值表示间隔的数据，也可以通过回调函数控制。回调函数格式如下：(index:number, value: string) => boolean，其中第一个参数是类目的 index，第二个值是类目名称，如果跳过，则返回False

配　置　项	说　　明
horizontal_align	文字水平对齐方式，默认自动。可选：'left'、'center'、'right'
vertical_align	文字垂直对齐方式，默认自动。可选：'top'、'middle'、'bottom'
formatter	标签内容格式器，支持字符串模板和回调函数两种形式，字符串模板与回调函数返回的字符串均支持用\n换行
rich	在rich里面，可以自定义富文本样式。利用富文本样式，可以在标签中做出非常丰富的效果

4. LineStyleOpts

LineStyleOpts是指控制线条样式的对象。它可以接受多个参数来控制线条的类型、宽度、颜色等属性。

LineStyleOpts的配置项及说明如表8-26所示。

表 8-26　LineStyleOpts 的配置项及说明

配　置　项	说　　明
is_show	是否显示
width	线宽
opacity	图形透明度。支持从0到1的数字，为0时不绘制该图形
curve	线的弯曲度，0表示完全不弯曲
type_	线的类型。可选：'solid'、'dashed'、'dotted'
color	线的颜色

5. SplitLineOpts

SplitLineOpts是用来控制分隔线样式的对象。它可以接受多个参数来控制图表中的分隔线的样式、宽度和颜色等属性。

SplitLineOpts的配置项及说明如表8-27所示。

表 8-27　SplitLineOpts 的配置项及说明

配　置　项	说　　明
is_show	是否显示分隔线
linestyle_opts	线风格配置项

8.2.2　标记类配置项

Pyecharts 的标记类配置项主要包括 MarkPointItem、MarkPointOpts、MarkLineItem、MarkLineOpts、MarkAreaItem、MarkAreaOpts六项。

1. MarkPointItem

MarkPointItem是一种用于标记散点图中的点位的配置项。它可以通过一些参数来控制点位的样式、大小、颜色以及标签等属性。

使用MarkPointItem，可以让用户在Pyecharts中轻松添加和设置标记点位，以便更加直观地展示数据。例如，可以通过使用不同颜色的标记点和标签来表示不同的数据类别或者数值大小。此外，标记点还可以用于指示特殊数据点，例如极值或者异常值。

MarkPointItem的配置项及说明如表8-28所示。

表 8-28　MarkPointItem 的配置项及说明

配　置　项	说　　　明
name	标注名称
type_	特殊的标注类型，用于标注最大值、最小值等。可选：'min'、'max'和'average'。其中'min'表示最小值，'max'表示最大值，'average'表示平均值
value_index	在使用type时有效，用于指定在哪个维度上指定最大值和最小值，可以是0（xAxis，radiusAxis），1（yAxis，angleAxis），默认使用第一个数值轴所在的维度
value_dim	在使用type时有效，用于指定在哪个维度上指定最大值和最小值。这可以是维度的直接名称，例如折线图可以是x、angle等、Candlestick图可以是open、close等维度名称
coord	标注的坐标。坐标格式视系列的坐标系而定，可以是直角坐标系上的x、y，也可以是极坐标系上的radius、angle。例如[121, 2323]、['aa', 998]
x	相对容器的屏幕x坐标，单位为像素
y	相对容器的屏幕y坐标，单位为像素
value	标注值，可以不设
symbol	标记的图形。ECharts提供的标记类型包括'circle'、'rect'、'roundRect'、'triangle'、'diamond'、'pin'、'arrow'、'none'，可以通过 'image://url'设置为图片，其中URL为图片的链接，或者dataURI
symbol_size	标记的大小，可以设置成诸如10这样单一的数字，也可以用数组分开表示宽和高，例如[20, 10]表示标记宽为20，高为10
itemstyle_opts	标记点样式配置项

2. MarkPointOpts

MarkPointOpts是一种控制标记点样式的配置项。它可以接受多个参数来控制标记点的形状、大小、颜色和显示内容等属性。

MarkPointOpts的配置项及说明如表8-29所示。

表 8-29　MarkPointOpts 的配置项及说明

配　置　项	说　　　明
data	标记点数据
symbol	标记的图形。ECharts提供的标记类型包括'circle'、'rect'、'roundRect'、'triangle'、'diamond'、'pin'、'arrow'、'none'，可以通过'image://url'设置为图片，其中URL为图片的链接，或者dataURI
symbol_size	标记的大小，可以设置成诸如10这样单一的数字，也可以用数组分开表示宽和高，例如[20, 10]表示标记宽为20，高为10。如果需要每个数据的图形大小不一样，可以设置为如下格式的回调函数：(value:Array|number, params: Object) => number|Array，其中第一个参数value为data中的数据值，第二个参数params是其他的数据项参数
label_opts	标签配置项

3. MarkLineItem

MarkLineItem是一种用于标记线条的配置项。它可以通过一些参数来控制线条的样式、起始位置、终止位置和标签等属性。

使用MarkLineItem可以让用户在Pyecharts中轻松地添加和设置标记线条功能，例如，使用该功能可以在绘制散点图时用一条直线连接两个点，形成趋势线，或者用标记线条来标记某个特定区域。因此，MarkLineItem提供了很大的灵活性，可以根据不同的需求进行自定义配置。

MarkLineItem的配置项及说明如表8-30所示。

表8-30　MarkLineItem 的配置项及说明

配 置 项	说　　明
name	标注名称
type_	特殊的标注类型，用于标注最大值和最小值等。可选：'min'、'max'和'average'。其中，'min'为最小值，'max'为最大值，'average'为平均值
x	相对容器的屏幕x坐标，单位为像素
xcoord	X轴数据坐标
y	相对容器的屏幕y坐标，单位为像素
ycoord	Y轴数据坐标
value_index	在使用 type 时有效，用于指定在哪个维度上指定最大值和最小值，可以是 0（xAxis, radiusAxis）、1（yAxis, angleAxis），默认使用第一个数值轴所在的维度
value_dim	在使用type时有效，用于指定在哪个维度上指定最大值和最小值。这可以是维度的直接名称，例如折线图可以是x、angle等，Candlestick图可以是open、close等维度名称
coord	起点或终点的坐标。坐标格式视系列的坐标系而定，可以是直角坐标系上的x、y，也可以是极坐标系上的 radius、angle
symbol	终点标记的图形。ECharts提供的标记类型包括'circle'、'rect'、'roundRect'、'triangle'、'diamond'、'pin'、'arrow'、'none'，可以通过'image://url'设置为图片，其中URL为图片的链接，或者dataURI
symbol_size	标记的大小，可以设置成诸如10这样单一的数字，也可以用数组分开表示宽和高，例如[20, 10] 表示标记宽为20，高为10

4. MarkLineOpts

MarkLineOpts是一种用于标记线条的配置项。它可以通过一些参数来控制线条的样式、起始位置、终止位置以及标签等属性。

在折线图或散点图中，通过标记线条可以更加直观地展示数据的分布情况或趋势变化。例如，使用MarkLineOpts功能可以在折线图中添加平均值、中位数等参考线，或者在散点图中添加回归线以表示数据的拟合情况。

MarkLineOpts的配置项及说明如表8-31所示。

表8-31　MarkLineOpts 的配置项及说明

配 置 项	说　　明
is_silent	图形是否不响应和触发鼠标事件，默认为False，即响应和触发鼠标事件
data	标记线数据

（续表）

配 置 项	说 明
symbol	标线两端的标记类型，可以是一个数组分别指定两端，也可以是单个统一指定，具体格式见data.symbol
symbol_size	标线两端的标记大小，可以是一个数组分别指定两端，也可以是单个统一指定
precision	标线数值的精度，在显示平均值线的时候有用
label_opts	标签配置项
linestyle_opts	标记线样式配置项

5. MarkAreaItem

MarkAreaItem是一种用于标记区域的配置项。它可以通过一些参数来控制区域的样式、范围以及标签等属性。它常与Line、Bar、Scatter等图表类型联合使用，用于标记出某一范围、重点区域或者时间段等。

例如，可以使用MarkAreaItem展示某一时间段、特定区域或者某类数据在坐标轴上的范围。MarkAreaItem的配置项及说明如表8-32所示。

表 8-32　MarkAreaItem 的配置项及说明

配 置 项	说 明
name	区域名称，只是一个名称而已
type_	特殊的标注类型，用于标注最大值和最小值等。可选：'min'、'max'和'average'. 其中'min'为最小值, 'max'为最大值, 'average'为平均值
value_index	在使用 type 时有效，用于指定在哪个维度上指定最大值和最小值，可以是 0（xAxis, radiusAxis）、1（yAxis, angleAxis）。默认使用第一个数值轴所在的维度
value_dim	在使用 type 时有效，用于指定在哪个维度上指定最大值和最小值。这可以是维度的直接名称，例如折线图可以是x、angle等，Candlestick图可以是open、close等维度名称
x	相对容器的屏幕 x 坐标，单位为像素，支持百分比形式，例如'20%'
y	相对容器的屏幕 y 坐标，单位为像素，支持百分比形式，例如'20%'
label_opts	标签配置项
itemstyle_opts	该数据项区域的样式，起点和终点项的itemStyle会合并到一起

6. MarkAreaOpts

MarkAreaOpts是一种用于标记区域的配置项，它可以用于控制多个MarkAreaItem的属性值。它可以帮助用户方便地在图表中标记多个区域，通常用于Line、Bar、Scatter等图表类型。

例如，在一个Line图表中，使用MarkAreaOpts可以同时标记多段数据，用于突出各个数据区域的信息。在Bar图表中，可以使用MarkAreaOpts为一些特定范围的数据添加颜色标记，增强图像的纵深感。在Scatter图表中，可以使用MarkAreaOpts标记区域中一些特定的散点集，强调散点集的相似性和区别性。

MarkAreaOpts的配置项及说明如表8-33所示。

表 8-33　MarkAreaOpts 的配置项及说明

配　置　项	说　　明
is_silent	图形是否不响应和触发鼠标事件，默认为False，即响应和触发鼠标事件
label_opts	标签配置项
data	标记区域数据
itemstyle_opts	该数据项区域的样式

8.2.3　其他类配置项

Pyecharts的其他类配置项主要包括EffectOpts、AreaStyleOpts、SplitAreaOpts三项。

1. EffectOpts

EffectOpts是用于控制动态图表涟漪特效的选项。通过使用EffectOpts，用户可以控制动态图表的表现，例如更改刷新时间和延迟时间、排列数据等。可视化图表中经常使用动态效果，可以使数据更加生动和吸引眼球。

EffectOpts配置项及说明如表8-34所示。

表 8-34　EffectOpts 配置项及说明

配　置　项	说　　明
is_show	是否显示特效
brush_type	波纹的绘制方式，可选'stroke' 和 'fill'，Scatter 类型有效
scale	动画中波纹的最大缩放比例，Scatter类型有效
period	动画的周期，秒数，Scatter类型有效
color	特效标记的颜色
symbol	特效图形的标记。ECharts提供的标记类型包括 'circle'、'rect'、'roundRect'、'triangle'、'diamond'、'pin'、'arrow'、'none'，可以通过'image://url'设置为图片，其中URL为图片的链接，或者dataURI
symbol_size	特效标记的大小，可以设置成诸如10这样单一的数字，也可以用数组分开表示高和宽，例如 [20, 10] 表示标记宽为20，高为10
trail_length	特效尾迹的长度。取从0到1的值，数值越大，尾迹就越长。Geo图设置Lines类型时有效

2. AreaStyleOpts

AreaStyleOpts是用于设置填充区域样式的选项。通过使用AreaStyleOpts，用户可以控制区域的填充、边框和阴影等效果的样式。

AreaStyleOpts的配置项及说明如表8-35所示。

表 8-35　AreaStyleOpts 的配置项及说明

配　置　项	说　　明
opacity	图形透明度。支持从0到1的数字，为0时不绘制该图形
color	填充的颜色，颜色可以使用RGB表示，比如 'rgb(128, 128, 128)'；如果想要加上Alpha通道表示不透明度，可以使用 RGBA，比如 'rgba(128, 128, 128, 0.5)'；也可以使用十六进制格式，比如'#ccc'。除了纯色之外，颜色也支持渐变色和纹理填充

3. SplitAreaOpts

SplitAreaOpts是用于设置坐标轴分隔区域的选项。SplitAreaOpts的配置项及说明如表8-36所示。

表 8-36　SplitAreaOpts 的配置项及说明

配　置　项	说　　明
is_show	是否显示分隔区域
areastyle_opts	分隔区域的样式配置项

8.3　多样化的视图呈现

在可视化分析中，Pyecharts可以生成HTML和图片文件，还可以运行在Jupyter Notebook和JupyterLab环境中，每种环境下的代码存在一定差异，但生成的视图是相同的，类似于图8-1。下面将结合案例介绍Pyecharts在不同环境下的视图效果。

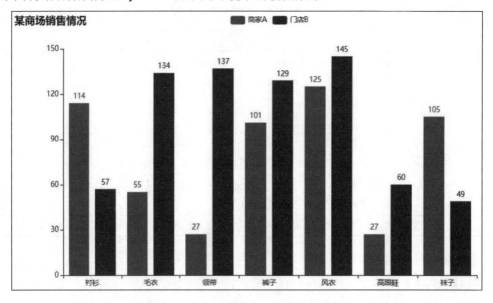

图 8-1　商家 A 和商家 B 销售业绩分析

8.3.1　生成 HTML 文件

Pyecharts可以通过render函数生成HTML文件，下面的代码绘制某商场商家A和商家B的销售情况的条形图，并将结果生成HTML文件。

```
#声明 Notebook 类型，必须在引入 pyecharts.charts 等模块前声明
from pyecharts.globals import CurrentConfig, NotebookType
CurrentConfig.NOTEBOOK_TYPE = NotebookType.JUPYTER_LAB
```

```
from pyecharts.charts import Bar
from pyecharts import options as opts
bar = (
    Bar()
    .add_xaxis(["衬衫", "毛衣", "领带", "裤子", "风衣", "高跟鞋", "袜子"])
    .add_yaxis("商家 A", [114, 55, 27, 101, 125, 27, 105])
    .add_yaxis("门店 B", [57, 134, 137, 129, 145, 60, 49])
    .set_global_opts(title_opts=opts.TitleOpts(title="某商场销售情况"))
)
bar.render('mall_sales.html')
```

8.3.2　生成图片

Pyecharts可以直接将可视化视图生成图片，但需要安装selenium、snapshot_selenium包，还需要下载Chromedriver，并复制到谷歌浏览器目录（…\Google\Chrome\Application）以及Python目录（…\Anaconda3\Scripts）下。

下面的代码绘制的是某商场商家A和商家B销售情况的条形图，并生成图片。

```
#声明 Notebook 类型，必须在引入 pyecharts.charts 等模块前声明
from pyecharts.globals import CurrentConfig, NotebookType
CurrentConfig.NOTEBOOK_TYPE = NotebookType.JUPYTER_LAB

from pyecharts.charts import Bar
from pyecharts import options as opts
from pyecharts.render import make_snapshot
from snapshot_selenium import snapshot as driver

def bar_chart() -> Bar:
    c = (
        Bar()
        .add_xaxis(["衬衫", "毛衣", "领带", "裤子", "风衣", "高跟鞋", "袜子"])
        .add_yaxis("商家 A", [114, 55, 27, 101, 125, 27, 105])
        .add_yaxis("门店 B", [57, 134, 137, 129, 145, 60, 49])
        .reversal_axis()
        .set_series_opts(label_opts=opts.LabelOpts(position="right"))
        .set_global_opts(title_opts=opts.TitleOpts(title="Bar-测试渲染图片"))
    )
    return c

# 需要安装 snapshot_selenium
make_snapshot(driver, bar_chart().render(), "bar.png")
```

8.3.3　在 Jupyter Notebook 环境下运行

　　Python的代码可以在Jupyter Notebook环境中运行。下面的代码绘制某商场商家A和商家B销售情况的条形图。

```
#声明 Notebook 类型，必须在引入 pyecharts.charts 等模块前声明
from pyecharts.globals import CurrentConfig, NotebookType
CurrentConfig.NOTEBOOK_TYPE = NotebookType.JUPYTER_LAB

from pyecharts.charts import Bar
from pyecharts import options as opts
bar = (
    Bar()
    .add_xaxis(["衬衫", "毛衣", "领带", "裤子", "风衣", "高跟鞋", "袜子"])
    .add_yaxis("商家 A", [114, 55, 27, 101, 125, 27, 105])
    .add_yaxis("门店 B", [57, 134, 137, 129, 145, 60, 49])
    .set_global_opts(title_opts=opts.TitleOpts(title="某商场销售情况"))
)
bar.render_notebook()
```

8.3.4　在 JupyterLab 环境中运行

　　Python代码可以在JupyterLab环境中运行，下面的代码绘制某商场商家A和商家B销售情况的条形图。

```
#声明 Notebook 类型，必须在引入 pyecharts.charts 等模块前声明
from pyecharts.globals import CurrentConfig, NotebookType
CurrentConfig.NOTEBOOK_TYPE = NotebookType.JUPYTER_LAB

from pyecharts.charts import Bar
from pyecharts import options as opts

bar = (
    Bar()
    .add_xaxis(["衬衫", "毛衣", "领带", "裤子", "风衣", "高跟鞋", "袜子"])
    .add_yaxis("商家 A", [114, 55, 27, 101, 125, 27, 105])
    .add_yaxis("门店 B", [57, 134, 137, 129, 145, 60, 49])
    .set_global_opts(title_opts=opts.TitleOpts(title="某商场销售情况"))
)

#第一次渲染时调用 load_javasrcript 文件
bar.load_javascript()
#展示数据可视化图表
bar.render_notebook()
```

8.4　动手练习

使用2022年企业商品订单数据（商品订单统计.xlsx），利用Pyecharts绘制如图8-2所示的2022年商品每月订单量的条形图。

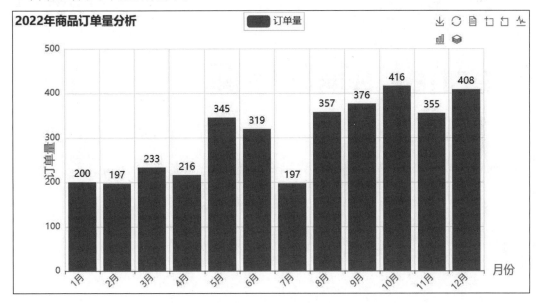

图 8-2　条形图

第9章

Pyecharts基础绘图

Pyecharts可以方便地绘制一些基础视图，包括折线图、条形图、箱形图、涟漪散点图、K线图以及双坐标轴图等，本章将通过实际案例详细介绍绘制每种视图的具体步骤。

9.1 绘制折线图

折线图是用直线段将各个数据点连接起来而组成的图形，以折线方式显示数据的变化趋势。折线图可以显示随时间（根据常用比例设置）而变化的连续数据，因此非常适合显示相等时间间隔的数据趋势。在折线图中，类别数据沿水平轴均匀分布，值数据沿垂直轴均匀分布。例如，为了显示不同订单日期的销售额走势，可以创建不同订单日期的销售额折线图。本节介绍使用Pyecharts绘制折线图的方法与技巧。

9.1.1 折线图及其参数配置

Pyecharts折线图的参数配置如表9-1所示。

表 9-1　折线图的参数配置

属　　性	说　　明
series_name	系列名称，用于 tooltip 的显示，legend 的图例筛选
y_axis	系列数据
is_selected	是否选中图例
is_connect_nones	是否连接空数据，空数据使用'None'填充
xaxis_index	使用的x轴的index，在单个图表实例中存在多个x轴的时候有用
yaxis_index	使用的y轴的index，在单个图表实例中存在多个y轴的时候有用

（续表）

属　　性	说　　明
color	系列label颜色
is_symbol_show	是否显示symbol，如果为False，则只有在 tooltip hover 的时候显示
symbol	标记的图形。ECharts提供的标记类型包括'circle'、'rect'、'roundRect'、'triangle'、'diamond'、'pin'、'arrow'、'none'，可以通过'image://url'设置为图片，其中URL为图片的链接，或者dataURI
symbol_size	标记的大小，可以设置成诸如10这样单一的数字，也可以用数组分开表示宽和高，例如[20, 10]表示标记宽为20，高为10
stack	数据堆叠，同个类目轴上系列配置相同的stack值可以堆叠放置
is_smooth	是否平滑曲线
is_step	是否显示成阶梯图
markpoint_opts	标记点配置项
markline_opts	标记线配置项
tooltip_opts	提示框组件配置项
label_opts	标签配置项
linestyle_opts	线样式配置项
areastyle_opts	填充区域配置项
itemstyle_opts	图元样式配置项

9.1.2　案例：各门店销售业绩比较分析

为了比较某企业2022年各门店销售业绩，我们可以绘制各门店的销售额的折线图，编写
Python代码如下：

```
#声明 Notebook 类型，必须在引入 pyecharts.charts 等模块前声明
from pyecharts.globals import CurrentConfig, NotebookType
CurrentConfig.NOTEBOOK_TYPE = NotebookType.JUPYTER_LAB


import pymysql
from pyecharts import options as opts
from pyecharts.charts import Line, Page


#连接 MySQL 数据库
conn = pymysql.connect(host='127.0.0.1',port=3306,user='root',password='root',
                    db='sales',charset='utf8')
cursor = conn.cursor()


#读取 MySQL 表数据
sql_num = "SELECT store_name,ROUND(SUM(sales/10000),2) FROM orders WHERE
        dt=2022 GROUP BY store_name"
cursor.execute(sql_num)
```

```
sh = cursor.fetchall()
v1 = []
v2 = []
for s in sh:
    v1.append(s[0])
    v2.append(s[1])


#绘制折线图
def line_toolbox() -> Line:
    c = (
        Line()
        .add_xaxis(v1)
        .add_yaxis("销售额", v2, is_smooth=True,is_selected=True)   #is_smooth 默认
是 False，即折线；is_selected 默认是 False，即不选中
        .set_global_opts(
            title_opts=opts.TitleOpts(title="2022 年各门店销售业绩比较分析"),
            toolbox_opts=opts.ToolboxOpts(),
            legend_opts=opts.LegendOpts(is_show=True,pos_left ='center',
                    pos_top ='top',item_width = 25,item_height = 25),
            xaxis_opts=opts.AxisOpts(name='门店',name_textstyle_opts=
                    opts.TextStyleOpts(color='red',font_size=20),
                    axislabel_opts=opts.LabelOpts(font_size=15)),
            yaxis_opts=opts.AxisOpts(name='销售额',name_textstyle_opts=
                    opts.TextStyleOpts(color='red',font_size=20),
                    axislabel_opts=opts.LabelOpts(font_size=15),
                    name_location = "middle")
        )
        .set_series_opts(label_opts=opts.LabelOpts(position='top',
                    color='black',font_size=15))
    )
    return c

#第一次渲染时调用 load_javasrcript 文件
line_toolbox().load_javascript()
#展示数据可视化图表
line_toolbox().render_notebook()
```

在JupyterLab中运行上述代码，生成如图9-1所示的折线图。

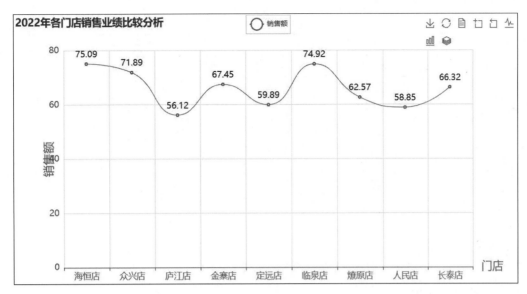

图 9-1　各门店销售业绩分析

9.2　绘制条形图

条形图是一种把连续数据画成数据条的表现形式，通过比较不同组的条形长度，从而对比不同组的数据量大小。描绘条形图的要素有3个：组数、组宽度、组限。绘制条形图时，不同组之间是有空隙的。条形用来比较两个或两个以上的价值（不同时间或者不同条件），只有一个变量，通常用于较小的数据集分析。条形图也可横向排列，或用多维方式表达。

本节介绍条形图的绘制方法与技巧。

9.2.1　条形图及其参数配置

条形图可分为垂直条形图和水平条形图。使用条形图可在各类别之间比较数据，例如客户的性别、受教育程度、购买方式等。绘制条形图时，长条柱或柱组的中线需要与项目刻度对齐。相比之下，折线图则是将数据代表的点与项目刻度对齐。当数字大且接近时，两种图形都可以使用波浪形省略符号来扩大数据之间的差距，提高可读性和清晰度。

Pyecharts条形图的参数配置如表9-2所示。

表 9-2　条形图参数配置

属　　性	说　　明
series_name	系列名称，用于tooltip的显示，legend的图例筛选
yaxis_data	系列数据
is_selected	是否选中图例
xaxis_index	使用的x轴的index，在单个图表实例中存在多个x轴的时候有用

（续表）

属　　性	说　　明
yaxis_index	使用的y轴的index，在单个图表实例中存在多个y轴的时候有用
color	系列label颜色
stack	数据堆叠，同个类目轴上系列配置相同的stack值可以堆叠放置
category_gap	同一系列的柱间距离，默认为间距的20%，表示柱子宽度的20%
gap	如果想要两个系列的柱子重叠，可以设置gap为'-100%'
label_opts	标签配置项
markpoint_opts	标记点配置项
markline_opts	标记线配置项
tooltip_opts	提示框组件配置项
itemstyle_opts	图元样式配置项

add_yaxis函数的配置样例如下：

```
def add_yaxis(
    series_name: str,
    yaxis_data: Sequence[Numeric, opts.BarItem, dict],
    is_selected: bool = True,
    xaxis_index: Optional[Numeric] = None,
    yaxis_index: Optional[Numeric] = None,
    color: Optional[str] = None,
    stack: Optional[str] = None,
    category_gap: Union[Numeric, str] = "20%",
    gap: Optional[str] = None,
    label_opts: Union[opts.LabelOpts, dict] = opts.LabelOpts(),
    markpoint_opts: Union[opts.MarkPointOpts, dict, None] = None,
    markline_opts: Union[opts.MarkLineOpts, dict, None] = None,
    tooltip_opts: Union[opts.TooltipOpts, dict, None] = None,
    itemstyle_opts: Union[opts.ItemStyleOpts, dict, None] = None,
)
```

条形图的数据项在BarItem类中进行设置，具体如表9-3所示。

表9-3　BarItem 类参数

属　　性	说　　明
name	数据项名称
value	单个数据项的数值
label_opts	单个柱条文本的样式设置
itemstyle_opts	图元样式配置项
tooltip_opts	提示框组件配置项

BarItem类样例如下：

```
class BarItem(
    name: Optional[str] = None,
    value: Optional[Numeric] = None,
    label_opts: Union[LabelOpts, dict, None] = None,
    itemstyle_opts: Union[ItemStyleOpts, dict, None] = None,
    tooltip_opts: Union[TooltipOpts, dict, None] = None,
)
```

在Pyecharts中有比较规范的条形图参数配置，绘制条形图时，只需要按照模板进行调用即可，基本函数形式如下：

```
def bar_base() -> Bar:
    c = (
        Bar()
        .add_xaxis(Faker.choose())
        .add_yaxis("门店 A", Faker.values())
        .add_yaxis("门店 B", Faker.values())
        .set_global_opts(title_opts=opts.TitleOpts(title="销售额统计",
                        subtitle="2018 年"))
    )
    return c
```

条形图可以默认取消显示某 Series，例如取消显示门店B，将add_yaxis修改为add_yaxis("门店B", Faker.values(), is_selected=False)。

如果要显示工具项 ToolBox 和图例项 legend，那么可以在 set_global_opts 中添加toolbox_opts=opts.ToolboxOpts(),legend_opts=opts.LegendOpts(is_show=False)。

9.2.2　案例：各省市商品订单数量分析

为了分析2022年某企业在各省市的商品订单数量,可以绘制各个省市商品订单数量的条形图，编写Python代码如下：

```
#声明 Notebook 类型，必须在引入 pyecharts.charts 等模块前声明
from pyecharts.globals import CurrentConfig, NotebookType
CurrentConfig.NOTEBOOK_TYPE = NotebookType.JUPYTER_LAB

import pymysql
from pyecharts import options as opts
from pyecharts.charts import Bar, Page

#连接 MySQL 数据库
conn = pymysql.connect(host='127.0.0.1',port=3306,user='root',password='root',
                    db='sales',charset='utf8')
```

```
cur = conn.cursor()

#读取 MySQL 表数据
sql_num = "select province,count(cust_id) from orders WHERE
           dt=2022 group by province"
cur.execute(sql_num)
sh = cur.fetchall()
v1 = []
v2 = []
for s in sh:
    v2.append(s[1])
    v1.append(s[0])

#条形图参数配置
def bar_base() -> Bar:
    c = (
        Bar()
        .add_xaxis(v1,)
        .add_yaxis("客户订单量", v2)
        .set_global_opts(
            title_opts=opts.TitleOpts(title="2022 年各省份订单量分布"),
            toolbox_opts=opts.ToolboxOpts(),
            legend_opts=opts.LegendOpts(is_show=True,pos_left ='center',
                        pos_top ='top',item_width = 25,item_height = 25),
            xaxis_opts=opts.AxisOpts(name='省份',name_textstyle_opts=
                            opts.TextStyleOpts(color='red',font_size=20),
                            axislabel_opts=opts.LabelOpts(font_size=6)),
            yaxis_opts=opts.AxisOpts(name='订单量',name_textstyle_opts=
                            opts.TextStyleOpts(color='red',font_size=20),
                            axislabel_opts=opts.LabelOpts(font_size=15),
                            name_location = "middle")
        )
        .set_series_opts(label_opts=opts.LabelOpts(position='top',
                    color='black',font_size=15))
    )
    return c

#第一次渲染时调用 load_javasrcript 文件
bar_base().load_javascript()
#展示数据可视化图表
bar_base().render_notebook()
```

在JupyterLab中运行上述代码，生成如图9-2所示的客户数量在各个省市的条形图。

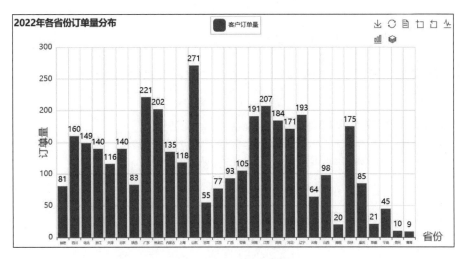

图 9-2　各省市客户订单量

9.3　绘制箱形图

箱形图又称箱线图,是一种用于显示一组数据分散情况资料的统计图。因其形状如箱子而得名。箱形图在各个领域中经常被使用,常见于品质管理。本节介绍箱形图的绘制方法与技巧。

9.3.1　箱形图及其参数配置

箱形图主要用于反映原始数据分布的特征,还可以进行多组数据分布特征的比较。箱形图的绘制方法是:先找出一组数据的上边缘、下边缘、中位数和两个四分位数;然后连接两个四分位数画出箱体;再将上边缘和下边缘与箱体相连接,中位数在箱体中间。

Pyecharts箱形图的参数配置如表9-4所示。

表 9-4　箱形图参数配置

属　　性	说　　明
series_name	系列名称,用于tooltip的显示,legend的图例筛选
y_axis	系列数据
is_selected	是否选中图例
xaxis_index	使用的x轴的index,在单个图表实例中存在多个x轴的时候有用
yaxis_index	使用的y轴的index,在单个图表实例中存在多个y轴的时候有用
label_opts	标签配置项
markpoint_opts	标记点配置项
markline_opts	标记线配置项
tooltip_opts	提示框组件配置项
itemstyle_opts	图元样式配置项

9.3.2 案例：不同类型商品的收益分析

为了分析2022年某企业不同类型商品的收益情况，可以绘制不同商品的箱形图，编写 Python代码如下：

```
#声明 Notebook 类型，必须在引入 pyecharts.charts 等模块前声明
from pyecharts.globals import CurrentConfig, NotebookType
CurrentConfig.NOTEBOOK_TYPE = NotebookType.JUPYTER_LAB

import pymysql
from pyecharts import options as opts
from pyecharts.charts import Boxplot, Page

#连接 MySQL 数据库
conn = pymysql.connect(host='127.0.0.1',port=3306,user='root',password='root',
                       db='sales',charset='utf8')
cur = conn.cursor()

#读取 MySQL 表数据
sql_num = "SELECT subcategory,ROUND(avg(rate)*100,2) FROM orders WHERE
           dt=2022 GROUP BY subcategory"
cur.execute(sql_num)
sh = cur.fetchall()
v1 = []
v2 = []
for s in sh:
    v1.append(s[0])
    v2.append(s[1])

def boxpolt_base() -> Boxplot:
    c = Boxplot()
    c.add_xaxis(["利润率"])
    c.add_yaxis("利润率", c.prepare_data([v2]))
    c.set_global_opts(
        title_opts=opts.TitleOpts(title="不同类型商品利润率分析"),
        toolbox_opts=opts.ToolboxOpts(),
        legend_opts=opts.LegendOpts(is_show=True,pos_left ='center',
                    pos_top ='top',item_width = 25,item_height = 25),
        xaxis_opts=opts.AxisOpts(axislabel_opts=opts.LabelOpts(font_size=15)),
        yaxis_opts=opts.AxisOpts(axislabel_opts=opts.LabelOpts(font_size=15))
    )
    c.set_series_opts(label_opts=opts.LabelOpts(position='top',color='black',
                    font_size=15))
```

```
        return c
```

```
#第一次渲染时候调用 load_javasrcript 文件
boxpolt_base().load_javascript()
#展示数据可视化图表
boxpolt_base().render_notebook()
```

在JupyterLab中运行上述代码，生成如图9-3所示的箱形图。

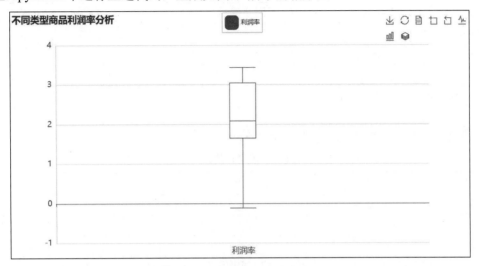

图 9-3 不同类型商品业绩分析

9.4 涟漪散点图

涟漪散点图是一类特殊的散点图，只是散点图中带有涟漪特效，利用特效可以突出显示某些想要的数据。本节介绍涟漪散点图的绘制方法与技巧。

9.4.1 涟漪散点图的参数配置

Pyecharts涟漪散点图的参数配置如表9-5所示。

表 9-5 涟漪散点图的参数配置

属　　性	说　　明
series_name	系列名称，用于tooltip的显示，legend的图例筛选
y_axis	系列数据
is_selected	是否选中图例
xaxis_index	使用的x轴的index，在单个图表实例中存在多个x轴的时候有用
yaxis_index	使用的y轴的index，在单个图表实例中存在多个y轴的时候有用

属　　性	说　　明
color	系列label颜色
symbol	标记的图形。ECharts提供的标记类型包括'circle'、'rect'、'roundRect'、'triangle'、'diamond'、'pin'、'arrow'、'none'，可以通过'image://url'设置为图片，其中URL为图片的链接，或者dataURI
symbol_size	标记的大小，可以设置成诸如10这样单一的数字，也可以用数组分开表示宽和高，例如[20,10]表示标记宽为20，高为10
label_opts	标签配置项
markpoint_opts	标记点配置项
markline_opts	标记线配置项
tooltip_opts	提示框组件配置项
itemstyle_opts	图元样式配置项

涟漪特效散点图及其参数配置如表9-6所示。

表 9-6　涟漪特效散点图

属　　性	说　　明
series_name	系列名称，用于tooltip的显示，legend的图例筛选
y_axis	系列数据
is_selected	是否选中图例
xaxis_index	使用的x轴的index，在单个图表实例中存在多个x轴的时候有用
yaxis_index	使用的y轴的index，在单个图表实例中存在多个y轴的时候有用
color	系列label颜色
symbol	标记图形形状
symbol_size	标记的大小
label_opts	标签配置项
effect_opts	涟漪特效配置项
tooltip_opts	提示框组件配置项
itemstyle_opts	图元样式配置项

9.4.2　案例：不同收入等级客户价值分析

为了分析2022年某企业不同收入等级客户的价值，可以绘制不同等级客户的涟漪散点图，编写Python代码如下：

```
#声明Notebook类型，必须在引入pyecharts.charts等模块前声明
from pyecharts.globals import CurrentConfig, NotebookType
CurrentConfig.NOTEBOOK_TYPE = NotebookType.JUPYTER_LAB

import pymysql
from pyecharts import options as opts
from pyecharts.charts import EffectScatter, Page
```

```
from pyecharts.globals import SymbolType

#连接 MySQL 数据库
conn = pymysql.connect(host='127.0.0.1',port=3306,user='root',password='root',
                      db='sales',charset='utf8')
cur = conn.cursor()

#读取 MySQL 表数据
sql_num = "SELECT income,ROUND(SUM(sales/10000),2) FROM customers,orders WHERE
          customers.cust_id=orders.cust_id and dt=2022 GROUP BY income"
cur.execute(sql_num)
sh = cur.fetchall()
v1 = []
v2 = []
for s in sh:
    v1.append(s[0])
    v2.append(s[1])

def effectscatter_splitline() -> EffectScatter:
    c = (
        EffectScatter()
        .add_xaxis(v1)
        .add_yaxis("", v2, symbol=SymbolType.ARROW)
        .set_global_opts(
            title_opts=opts.TitleOpts(title="不同收入等级客户价值分析"),
            toolbox_opts=opts.ToolboxOpts(),
            legend_opts=opts.LegendOpts(is_show=True,pos_left ='center',
                      pos_top ='top',item_width = 25,item_height = 25),
            xaxis_opts=opts.AxisOpts(name='年份', name_textstyle_opts=
                    opts.TextStyleOpts(color='red',font_size=20),
                    axislabel_opts=opts.LabelOpts(font_size=15),
                    splitline_opts=opts.SplitLineOpts(is_show=True)),
            yaxis_opts=opts.AxisOpts(name='客户价值', name_textstyle_opts=
                    opts.TextStyleOpts(color='red',font_size=20),
                    axislabel_opts=opts.LabelOpts(font_size=15),
                    splitline_opts=opts.SplitLineOpts(is_show=True),
                    name_location = "middle")
        )
        .set_series_opts(label_opts=opts.LabelOpts(position='top',
                    color='black', font_size=15))
    )
    return c

#第一次渲染时调用 load_javasrcript 文件
```

```
effectscatter_splitline().load_javascript()
#展示数据可视化图表
effectscatter_splitline().render_notebook()
```

在JupyterLab中运行上述代码，生成如图9-4所示的涟漪散点图。

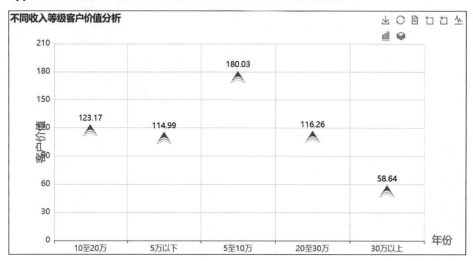

图 9-4　客户价值分析

9.5　K线图

K线图又称蜡烛图，股市及期货市场中的K线图包含4个指标，即开盘价、最高价、最低价、收盘价，所有的K线都是围绕这4个指标展开的，以反映股票的状况。如果把每日的K线图放在一张纸上，就能得到日K线图，同样也可以画出周K线图、月K线图。本节介绍K线图的绘制方法与技巧。

9.5.1　K 线图的参数配置

Pyecharts的K线图参数配置如表9-7所示。

表 9-7　K 线图参数配置

属　　性	说　　明
series_name	系列名称，用于tooltip的显示，legend的图例筛选
y_axis	系列数据
is_selected	是否选中图例
xaxis_index	使用的X轴的index，在单个图表实例中存在多个X轴的时候有用
yaxis_index	使用的Y轴的index，在单个图表实例中存在多个Y轴的时候有用
markline_opts	标记线配置项

（续表）

属　　性	说　　明
markpoint_opts	标记点配置项
tooltip_opts	提示框组件配置项
itemstyle_opts	图元样式配置项

9.5.2　案例：企业股票价格趋势分析

为了分析某企业在2023年股票价格的趋势，可以绘制股票价格的K线图。具体绘制步骤如下：

（1）导入options、Kline、Page、connect等包。
（2）连接Hadoop集群，抽取股价表stocks数据。
（3）配置K线图的相关参数，以及全局配置项。
（4）展示股票价格趋势。

下面是实现上述步骤的Python代码：

```python
#声明 Notebook 类型，必须在引入 pyecharts.charts 等模块前声明
from pyecharts.globals import CurrentConfig, NotebookType
CurrentConfig.NOTEBOOK_TYPE = NotebookType.JUPYTER_LAB


import pymysql
from pyecharts import options as opts
from pyecharts.charts import Kline, Page



#连接 MySQL 数据库
conn = pymysql.connect(host='127.0.0.1',port=3306,user='root',password='root',
                       db='sales',charset='utf8')
cursor = conn.cursor()

#读取 MySQL 表数据
sql_num = "SELECT date,open,high,low,close FROM stocks where
           year(date)=2023 ORDER BY date asc"
cursor.execute(sql_num)
sh = cursor.fetchall()
v1 = []
v2 = []
for s in sh:
    v1.append([s[0]])
for s in sh:
    v2.append([s[1],s[2],s[3],s[4]])
data = v2
```

```python
def kline_markline() -> Kline:
    c = (
        Kline()
        .add_xaxis(v1)
        .add_yaxis(
            "股票价格",
            data,
            markline_opts=opts.MarkLineOpts(
                data=[opts.MarkLineItem(type_="max", value_dim="close")]
            ),
        )
        .set_global_opts(
            xaxis_opts=opts.AxisOpts(is_scale=True,name='日期',
                name_textstyle_opts=opts.TextStyleOpts(color='red',font_size=20),
                axislabel_opts=opts.LabelOpts(font_size=15)),
            yaxis_opts=opts.AxisOpts(name='价格',name_textstyle_opts=
                        opts.TextStyleOpts(color='red',font_size=20),
                        axislabel_opts=opts.LabelOpts(font_size=15),
                    is_scale=True,splitarea_opts=opts.SplitAreaOpts(is_show=True,
                        areastyle_opts=opts.AreaStyleOpts(opacity=1)),
                        name_location = "middle"),
            datazoom_opts=[opts.DataZoomOpts(pos_bottom="-2%")],
            title_opts=opts.TitleOpts(title="企业股票价格趋势分析"),
            toolbox_opts=opts.ToolboxOpts(),
            legend_opts=opts.LegendOpts(is_show=True,pos_left ='center',
                        pos_top ='top',item_width = 25,item_height = 25)
        )
        .set_series_opts(label_opts=opts.LabelOpts(position='top',
                        color='black', font_size=15))
    )
    return c

#第一次渲染时调用 load_javasrcript 文件
kline_markline().load_javascript()
#展示数据可视化图表
kline_markline().render_notebook()
```

在JupyterLab中运行上述代码，生成的K线图如图9-5所示。

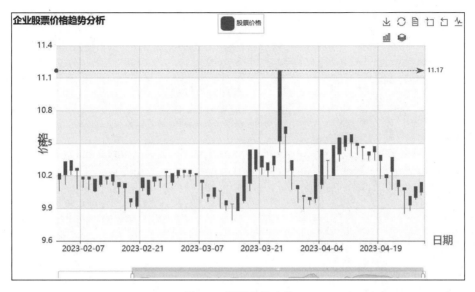

图 9-5　股票价格走势

9.6　双坐标轴图

本节介绍双坐标轴图的绘制方法与技巧。

9.6.1　双坐标轴图的介绍

双坐标轴图是一种组合图表，一般将两种不同类型的图表组合在同一个"画布"上，如柱状图和折线图的组合。当然，也可将类型相同而数据单位不同的图表组合在一起。双坐标轴图中最难画的应该是"柱状图"与"柱状图"的组合，因为会遇到同一刻度对应"柱子"与"柱子"完全互相重叠的问题。

9.6.2　案例：区域销售业绩及数量分析

为了分析2022年某企业在不同区域的销售利润额及利润率，可以绘制双坐标图，编写Python代码如下：

```
#声明 Notebook 类型，必须在引入 pyecharts.charts 等模块前声明
from pyecharts.globals import CurrentConfig, NotebookType
CurrentConfig.NOTEBOOK_TYPE = NotebookType.JUPYTER_LAB


import pymysql
from pyecharts import options as opts
from pyecharts.charts import Scatter,Bar,Line
```

```
#连接 MySQL 数据库
conn =
pymysql.connect(host='127.0.0.1',port=3306,user='root',password='root',db='sales',
charset='utf8')
    cursor = conn.cursor()

    #读取 MySQL 表数据
    sql_num = "SELECT region,ROUND(SUM(profit)/10000,2),ROUND(avg(rate)*100,2) FROM
orders WHERE dt=2022 GROUP BY region"
    cursor.execute(sql_num)
    sh = cursor.fetchall()
    v1 = []
    v2 = []
    v3 = []
    for s in sh:
        v1.append(s[0])
        v2.append(s[1])
        v3.append(s[2])

    #柱形图与折线图组合
    def overlap_bar_line() -> Bar:
        bar = (
            Bar()
            .add_xaxis(v1)
            .add_yaxis("利润额", v2)
            .extend_axis(
                yaxis=opts.AxisOpts(name='平均利润率',name_textstyle_opts=
                    opts.TextStyleOpts(color='red',font_size=20),
                  axislabel_opts=opts.LabelOpts(formatter="{value}",font_size=15),
                    interval=0.5,name_location = "middle"
                )
            )
            .set_series_opts(label_opts=opts.LabelOpts(is_show=False,
                        position='top', color='black',font_size=15))
            .set_global_opts(
                title_opts=opts.TitleOpts(title="区域销售业绩比较分析"),
                toolbox_opts=opts.ToolboxOpts(),
                xaxis_opts=opts.AxisOpts(axislabel_opts= opts.LabelOpts(font_size=15)),
                yaxis_opts=opts.AxisOpts(
                    axislabel_opts=opts.LabelOpts(formatter="{value}",font_size=15),
                            interval=1.0,name_location = "middle",name='利润额',
                            name_textstyle_opts=opts.TextStyleOpts(color='red',
                            font_size=20)
                )
```

```
    )
        .set_series_opts(label_opts=opts.LabelOpts(position='top',
                color='black', font_size=15))
    )

line = Line().add_xaxis(v1).add_yaxis("平均利润率", v3, yaxis_index=1.0,
        symbol_size=20,label_opts=opts.LabelOpts(position='top',
        color='black',font_size=15))
bar.overlap(line)
return bar

#第一次渲染时调用 load_javasrcript 文件
overlap_bar_line().load_javascript()
#展示数据可视化图表
overlap_bar_line().render_notebook()
```

在JupyterLab中运行上述代码，生成如图9-6所示的双坐标轴图。

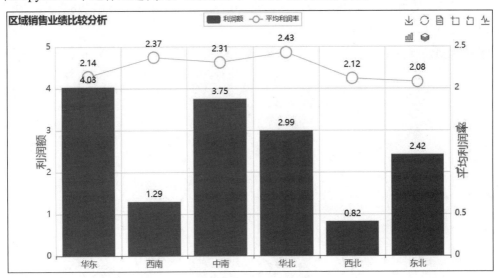

图 9-6　双坐标轴图

9.7　动手练习

动手练习1：使用数据库中的订单表（orders），利用Pyecharts绘制如图9-7所示的月度商品平均利润率的折线图。

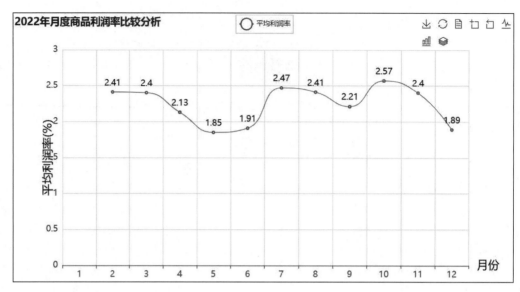

图 9-7   折线图

动手练习2：使用数据库中的股票表（stocks），利用Pyecharts绘制如图9-8所示的2023年前5个月股票交易量的散点图。

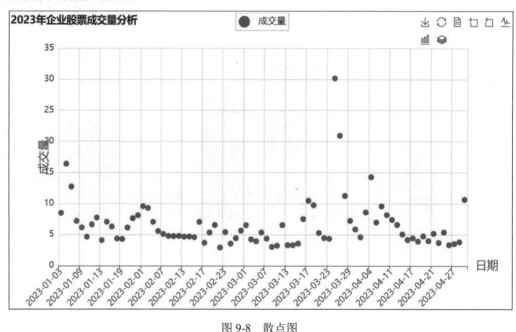

图 9-8   散点图

第 **10** 章

Pyecharts高级绘图

Pyecharts可以生成一些比较复杂的视图，包括日历图、漏斗图、仪表盘、环形图、雷达图、旭日图、主题河流图、词云、玫瑰图、平行坐标系等，本章将通过实际案例详细介绍每种视图的具体步骤。

10.1　日历图

日历图是一个日历数据视图，提供一段时间的日历布局，使我们可以更好地查看所选日期每一天的数据。本节介绍日历图的绘制方法与技巧。

10.1.1　日历图的参数

Pyecharts日历图的参数如表10-1所示。

表 10-1　日历图的参数

属　　性	说　　明
series_name	系列名称，用于 tooltip 的显示，legend 的图例筛选
yaxis_data	系列数据，格式为 [(date1, value1), (date2, value2), …]
is_selected	是否选中图例
label_opts	标签配置项
calendar_opts	日历坐标系组件配置项
tooltip_opts	提示框组件配置项
itemstyle_opts	图元样式配置项

日历图坐标系组件的属性如表10-2所示。

表 10-2　日历图坐标系组件的属性

属　　性	说　　明
pos_left	calendar组件离容器左侧的距离。left的值可以是像20这样的具体像素值,可以是像'20%'这样相对于容器高宽的百分比,也可以是'left'、'center'、'right'。如果left的值为'left'、'center'、'right',那么组件会根据相应的位置自动对齐
pos_top	calendar组件离容器上侧的距离。top的值可以是像20这样的具体像素值,可以是像'20%'这样相对于容器高宽的百分比,也可以是'top'、'middle'、'bottom'。如果top的值为'top'、'middle'、'bottom',那么组件会根据相应的位置自动对齐
pos_right	calendar组件离容器右侧的距离。right的值可以是像20这样的具体像素值,也可以是像'20%'这样相对于容器高宽的百分比。默认自适应
pos_bottom	calendar组件离容器下侧的距离。bottom的值可以是像20这样的具体像素值,也可以是像'20%'这样相对于容器高宽的百分比。默认自适应
orient	日历坐标的布局朝向。可选: 'horizontal'、'vertical'
range_	必填,日历坐标的范围支持多种格式,使用示例:某一年range:2017,某个月range:'2017-02',某个区间range:['2017-01-02','2017-02-23']
daylabel_opts	星期轴的样式
monthlabel_opts	月份轴的样式
yearlabel_opts	年份的样式

10.1.2　案例:企业股票每日交易量分析

为了分析2023年5月4日及之前某企业股票的成交量,可以绘制股票每日交易量的日历图,编写Python代码如下:

```python
#声明 Notebook 类型,必须在引入 pyecharts.charts 等模块前声明
from pyecharts.globals import CurrentConfig, NotebookType
CurrentConfig.NOTEBOOK_TYPE = NotebookType.JUPYTER_LAB

import pymysql
from pyecharts import options as opts
from pyecharts.charts import Calendar, Page


#连接 MySQL 数据库
conn = pymysql.connect(host='127.0.0.1',port=3306,user='root',password='root',
                       db='sales',charset='utf8')
cursor = conn.cursor()

#读取 MySQL 表数据
sql_num = "SELECT date,volume/10000 FROM stocks WHERE year(date)=2023"
cursor.execute(sql_num)
sh = cursor.fetchall()
```

```
v1 = []
v2 = []
v3 = []
v1 = []
for s in sh:
    v1.append([s[0],s[1]])
data = v1
#绘制日历图
def calendar_base() -> Calendar:

    c = (
        Calendar()
        .add("", data, calendar_opts=opts.CalendarOpts(range_="2023"))
        .set_global_opts(
            title_opts=opts.TitleOpts(title="2023 年股票交易量分析"),
            visualmap_opts=opts.VisualMapOpts(
                max_=32,
                min_=2,
                orient="horizontal",    #vertical 垂直的, horizontal 水平的
                is_piecewise=True,
                pos_top="200px",
                pos_left="60px"
            ),
            legend_opts=opts.LegendOpts(is_show=True)
        )
    )
    return c
#第一次渲染时调用 load_javasrcript 文件
calendar_base().load_javascript()
#展示数据可视化图表
calendar_base().render_notebook()
```

在JupyterLab中运行上述代码，生成如图10-1所示的日历图。

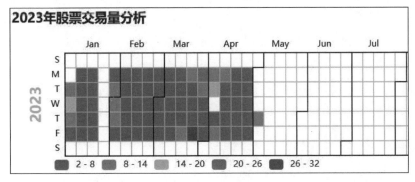

图 10-1　日历图

10.2　漏斗图

漏斗图又叫倒三角图，适用于业务流程比较规范、周期长、环节多的流程分析，通过漏斗各环节业务数据的比较，能够直观地发现和说明问题所在，还可以从某个维度上对数据进行比较。本节介绍漏斗图的绘制方法与技巧。

10.2.1　漏斗图的参数

Pyecharts漏斗图的参数如表10-3所示。

表 10-3　漏斗图的参数

属　　性	说　　明
series_name	系列名称，用于tooltip的显示，legend的图例筛选
data_pair	系列数据项，格式为 [(key1, value1), (key2, value2)]
is_selected	是否选中图例
color	系列label颜色
sort_	数据排序，可以取'ascending'、'descending'、'none'（表示按data顺序）
gap	数据图形间距
label_opts	标签配置项
tooltip_opts	提示框组件配置项
itemstyle_opts	图元样式配置项

10.2.2　案例：华东地区各省市利润额分析

为了分析某企业的商品在华东地区各省市的利润额情况，可以绘制其利润额的漏斗图，编写Python代码如下：

```
#声明 Notebook 类型，必须在引入 pyecharts.charts 等模块前声明
from pyecharts.globals import CurrentConfig, NotebookType
CurrentConfig.NOTEBOOK_TYPE = NotebookType.JUPYTER_LAB

import pymysql
from pyecharts import options as opts
from pyecharts.charts import Funnel, Page

#连接 MySQL 表数据
conn = pymysql.connect(host='127.0.0.1',port=3306,user='root',password='root',
                       db='sales',charset='utf8')
cursor = conn.cursor()
```

```
#读取 MySQL 表数据
sql_num = "SELECT province,ROUND(SUM(profit),2) FROM orders WHERE dt=2022 and
            region='华东' GROUP BY province"
cursor.execute(sql_num)
sh = cursor.fetchall()
v1 = []
v2 = []
for s in sh:
    v1.append(s[0])
    v2.append(s[1])


#绘制漏斗图
def funnel_label() -> Funnel:
    c = (
        Funnel()
        .add("利润额",
            [list(z) for z in zip(v1, v2)],
            sort_="descending",    #默认是 sort_="descending"，即从大到小，也可以设置为
ascending，即反向漏斗
            label_opts=opts.LabelOpts(position="inside"),
        )
        .set_global_opts(title_opts=opts.TitleOpts(title="华东地区利润额比较分析"),
                    toolbox_opts=opts.ToolboxOpts(),
                    legend_opts=opts.LegendOpts(is_show=True,pos_left ='center',
                    pos_top ='top',item_width = 25,item_height = 25),
                    )
        .set_series_opts(label_opts=opts.LabelOpts(position='inside',
                    color='black',font_size=15))
    )
    return c


#第一次渲染时调用 load_javasrcript 文件
funnel_label().load_javascript()
#展示数据可视化图表
funnel_label().render_notebook()
```

在JupyterLab中运行上述代码，生成如图10-2所示的漏斗图。

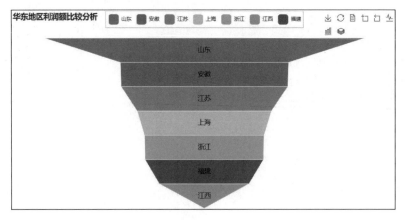

图 10-2　漏斗图

10.3　仪表盘

仪表盘也被称为拨号图表或速度表图。其显示类似于拨号/速度计上的读数的数据，是一种拟物化的展示形式。仪表盘的颜色可以用来划分指示值的类别，使用刻度标示数据，指针指示维度，指针角度表示数值。本节介绍仪表盘的绘制方法与技巧。

10.3.1　仪表盘的参数

通过给仪表盘分配最小值和最大值，并定义一个颜色范围，其指针（指数）就会显示出关键指标的数据或当前进度。仪表盘可用于许多目的，如显示速度、体积、温度、进度、完成率、满意度等。

Pyecharts仪表盘的参数如表10-4所示。

表 10-4　仪表盘的参数

属　　性	说　　明
series_name	系列名称，用于 tooltip 的显示，legend 的图例筛选
data_pair	系列数据项，格式为 [(key1, value1), (key2, value2)]
is_selected	是否选中图例
min_	最小的数据值
max_	最大的数据值
split_number	仪表盘平均分割段数
start_angle	仪表盘起始角度。圆心正右手侧为0度，正上方为90度，正左手侧为180度
end_angle	仪表盘结束角度
label_opts	标签配置项
tooltip_opts	提示框组件配置项
itemstyle_opts	图元样式配置项

10.3.2　案例：企业 2022 年销售业绩完成率

为了分析某企业在2022年的销售业绩完成情况，可以绘制其销售额的仪表盘，编写Python
代码如下：

```
#声明 Notebook 类型，必须在引入 pyecharts.charts 等模块前声明
from pyecharts.globals import CurrentConfig, NotebookType
CurrentConfig.NOTEBOOK_TYPE = NotebookType.JUPYTER_LAB

from pyecharts import options as opts
from pyecharts.charts import Gauge, Page

def gauge_color() -> Gauge:
    c = (
        Gauge()
        .add("2022 年公司销售指标完成率",
            [("完成率", 98.5)],
            axisline_opts=opts.AxisLineOpts(
                linestyle_opts=opts.LineStyleOpts(
                    color=[(0.3, "#67e0e3"), (0.7, "#37a2da"), (1, "#fd666d")],
                        width=30
                )
            ),
        )
        .set_global_opts(
            title_opts=opts.TitleOpts(title="2022 年公司销售指标分析"),
            toolbox_opts=opts.ToolboxOpts(),
            legend_opts=opts.LegendOpts(is_show=True,pos_left ='center',
                        pos_top ='top',item_width = 25,item_height = 25)
        )
        .set_series_opts(label_opts=opts.LabelOpts(position='top',
                        color='black',font_size=15))
    )
    return c

#第一次渲染时调用 load_javasrcript 文件
gauge_color().load_javascript()
#展示数据可视化图表
gauge_color().render_notebook()
```

在JupyterLab中运行上述代码，生成如图10-3所示的仪表盘。

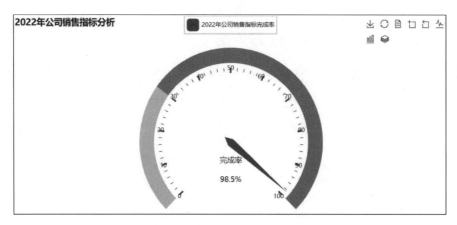

图 10-3　仪表盘

10.4　环形图

环形图是由两个及两个以上大小不一的饼图叠在一起，挖去中间的部分所构成的图形。本节介绍环形图的绘制方法与技巧。

10.4.1　环形图的参数

环形图与饼图类似，但是又有区别。环形图中间有一个"空洞"，每个样本用一个环来表示，样本中的每一部分数据用环中的一段表示。因此，环形图可显示多个样本各部分所占的相应比例，从而有利于进行比较研究。

Pyecharts环形图的参数如表10-5所示。

表 10-5　环形图的参数

属　　性	说　　明
series_name	系列名称，用于tooltip的显示，legend的图例筛选
data_pair	系列数据项，格式为 [(key1, value1), (key2, value2)]
color	系列label颜色
radius	饼图的半径，数组的第一项是内半径，第二项是外半径。默认设置成百分比，相对于容器高宽中较小的一项的一半
center	饼图的中心（圆心）坐标，数组的第一项是横坐标，第二项是纵坐标。默认设置成百分比，设置成百分比时第一项是相对于容器宽度的，第二项是相对于容器高度的
rosetype	是否展示成南丁格尔图，通过半径区分数据大小，有'radius'和'area'两种模式。radius：扇区圆心角展现数据的百分比，半径展现数据的大小。area：所有扇区圆心角相同，仅通过半径展现数据大小
is_clockwise	饼图的扇区是不是顺时针排布的
label_opts	标签配置项

（续表）

属　　性	说　　明
tooltip_opts	提示框组件配置项
itemstyle_opts	图元样式配置项

10.4.2　案例：不同教育群体的购买力分析

为了分析2022年某企业客户群中不同教育群体的购买力情况，可以绘制其销售额的环形图，编写Python代码如下：

```
#声明 Notebook 类型，必须在引入 pyecharts.charts 等模块前声明
from pyecharts.globals import CurrentConfig, NotebookType
CurrentConfig.NOTEBOOK_TYPE = NotebookType.JUPYTER_LAB

import pymysql
from pyecharts import options as opts
from pyecharts.charts import Page, Pie

#连接 MySQL 表数据
conn = pymysql.connect(host='127.0.0.1',port=3306,user='root',password='root',
        db='sales',charset='utf8')
cursor = conn.cursor()

#读取 MySQL 表数据
sql_num = "SELECT education,ROUND(SUM(sales/10000),2) FROM customers, orders
        WHERE customers.cust_id=orders.cust_id and dt=2022 GROUP BY education"
cursor.execute(sql_num)
sh = cursor.fetchall()
v1 = []
v2 = []
for s in sh:
    v1.append(s[0])
    v2.append(s[1])

#绘制环形图
def pie_radius() -> Pie:
    c = (
        Pie()
        .add("",[list(z) for z in zip(v1, v2)],radius=["40%", "75%"],)
        .set_colors(["blue", "green", "purple", "red", "silver"])    #设置颜色
        .set_global_opts(
            title_opts=opts.TitleOpts(title="2022 年不同教育群体的购买力分析"),
            toolbox_opts=opts.ToolboxOpts(),
            legend_opts=opts.LegendOpts(orient="vertical", pos_top="35%",
                        pos_left="2%",item_width = 25,item_height = 25)
        )
```

197

```
            .set_series_opts(label_opts=opts.LabelOpts(formatter="{b}: {c}",
                        position='top',color='black',font_size=15))
    )
    return c
#第一次渲染时调用 load_javasrcript 文件
pie_radius().load_javascript()
#展示数据可视化图表
pie_radius().render_notebook()
```

在JupyterLab中运行上述代码，生成如图10-4所示的环形图。

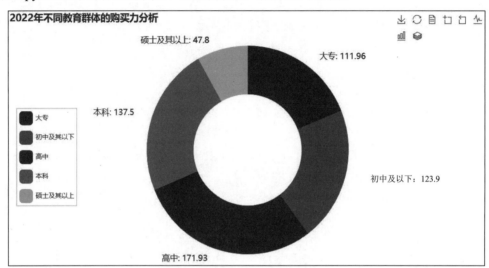

图 10-4　环形图

10.5　雷达图

雷达图又叫作蜘蛛网图，适用于显示三个或更多维度的变量。雷达图是以在同一点开始的轴上显示三个或更多个变量的二维图表的形式来显示多元数据的方法,其中轴的相对位置和角度通常是无意义的。本节介绍雷达图的绘制方法与技巧。

10.5.1　雷达图的参数

雷达图的每个变量都有一个从中心向外发射的轴线，所有的轴之间的夹角相等，同时每个轴有相同的刻度，将轴到轴的刻度用网格线连接作为辅助元素，连接每个变量在其各自的轴线的数据点形成一个多边形。

Pyecharts雷达图的参数如表10-6所示。

表 10-6　雷达图的参数配置

属　　性	说　　明
schema	雷达指示器配置项列表
shape	雷达图绘制类型，可选'polygon'和'circle'
textstyle_opts	文字样式配置项
splitline_opt	分隔线配置项
splitarea_opt	分隔区域配置项
axisline_opt	坐标轴轴线配置项

雷达图的数据项属性如表10-7所示。

表 10-7　雷达图的数据项属性

属　　性	说　　明
series_name	系列名称，用于tooltip的显示，legend的图例筛选
data	系列数据项
is_selected	是否选中图例
symbol	ECharts提供的标记类型包括'circle'、'rect'、'roundRect'、'triangle'、'diamond'、'pin'、'arrow'、'none'可以通过'image://url'设置为图片，其中URL为图片的链接，或者dataURI
color	系列label颜色
label_opts	标签配置项
linestyle_opts	线样式配置项
areastyle_opts	区域填充样式配置项
tooltip_opts	提示框组件配置项

雷达图的指示器属性如表10-8所示。

表 10-8　雷达图的指示器属性

属　　性	说　　明
name	指示器名称
min_	指示器的最小值，可选，默认为0
max_	指示器的最大值，可选，建议设置
color	标签特定的颜色

10.5.2　案例：不同区域销售业绩的比较

为了分析2022年某企业的商品在不同区域的销售业绩情况，可以绘制其销售额的雷达图，编写Python代码如下：

```
#声明 Notebook 类型，必须在引入 pyecharts.charts 等模块前声明
from pyecharts.globals import CurrentConfig, NotebookType
CurrentConfig.NOTEBOOK_TYPE = NotebookType.JUPYTER_LAB

import pymysql
```

```python
from pyecharts import options as opts
from pyecharts.charts import Page, Radar
#连接 MySQL 表数据
conn = pymysql.connect(host='127.0.0.1',port=3306,user='root',password='root',
                       db='sales',charset='utf8')
cursor = conn.cursor()
#读取 MySQL 表数据
sql_num = "SELECT region,ROUND(SUM(sales)/10000,2) FROM orders WHERE
           dt=2022 GROUP BY region"
cursor.execute(sql_num)
sh = cursor.fetchall()
v1 = []
v2 = []
for s in sh:
    v1.append(s[0])
    v2.append(s[1])
#绘制雷达图
def radar_base() -> Radar:
    c = (
        Radar()
        .add_schema(
            schema=[
                opts.RadarIndicatorItem(name="华东", max_=200),
                opts.RadarIndicatorItem(name="华南", max_=200),
                opts.RadarIndicatorItem(name="东北", max_=200),
                opts.RadarIndicatorItem(name="中南", max_=200),
                opts.RadarIndicatorItem(name="西南", max_=200),
                opts.RadarIndicatorItem(name="西北", max_=200),
            ],
            radius='80%',
            angleaxis_opts=opts.AngleAxisOpts(
            min_=0,
            max_=360,
            is_clockwise=False,
            interval=5,
            axistick_opts=opts.AxisTickOpts(is_show=False),
            axislabel_opts=opts.LabelOpts(is_show=False,color='black',
                        font_size=10),
            axisline_opts=opts.AxisLineOpts(is_show=False),
            splitline_opts=opts.SplitLineOpts(is_show=False),
            ),
            radiusaxis_opts=opts.RadiusAxisOpts(
            min_=-4,
            max_=4,
            interval=2,
            axislabel_opts=opts.LabelOpts(is_show=True,color='black',
```

```
                    font_size=15),
        splitarea_opts=opts.SplitAreaOpts(
            is_show=True,
            areastyle_opts=opts.AreaStyleOpts(opacity=1)
            ),
        ),
        polar_opts=opts.PolarOpts(),
        splitarea_opt=opts.SplitAreaOpts(is_show=False),
        splitline_opt=opts.SplitLineOpts(is_show=False),
        textstyle_opts=opts.TextStyleOpts(font_family='Arial',color='black',
                    font_size=15),
    )
    .add("销售额", [v2])
    .set_global_opts(
        title_opts=opts.TitleOpts(title="区域销售额比较分析"),
        legend_opts=opts.LegendOpts(is_show=False),
        toolbox_opts=opts.ToolboxOpts()
    )
    .set_series_opts(label_opts=opts.LabelOpts(is_show=False,
                    position='top',color='black',font_size=15))
    )
    return c
#第一次渲染时调用 load_javasrcript 文件
radar_base().load_javascript()
#展示数据可视化图表
radar_base().render_notebook()
```

在JupyterLab中运行上述代码，生成如图10-5所示的雷达图。

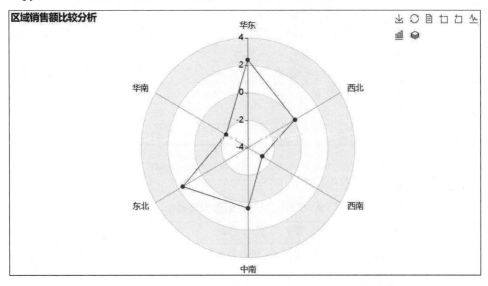

图 10-5　雷达图

10.6 旭日图

旭日图可以展示多级数据，具有独特的外观。旭日图是一种现代饼图，它超越传统的饼图和环图，能表达清晰的层级和归属关系，以父子层次结构来显示数据构成情况。本节介绍旭日图的绘制方法与技巧。

10.6.1 旭日图的属性

Pyecharts旭日图的属性如表10-9所示。

表 10-9 旭日图的参数

属　性	说　明
series_name	系列名称，用于tooltip的显示，legend的图例筛选
data_pair	数据项
center	旭日图的中心（圆心）坐标，数组的第一项是横坐标，第二项是纵坐标。支持设置成百分比，设置成百分比时第一项是相对于容器宽度的，第二项是相对于容器高度的
radius	旭日图的半径。可以为如下类型：Sequence.<int|str>：数组的第一项是内半径，第二项是外半径
highlight_policy	当鼠标移动到一个扇形块时，可以高亮显示相关的扇形块。'descendant'：高亮显示该扇形块和后代元素，其他元素将被淡化；'ancestor'：高亮显示该扇形块和祖先元素；'self'：只高亮显示自身；'none'：不会淡化其他元素
node_click	单击节点后的行为。可取值为：False，单击节点无反应；'rootToNode'，单击节点后以该节点为根结点，'link'，如果节点数据中有link，那么单击节点后会进行超链接跳转
sort_	扇形块根据数据value的排序方式，如果未指定value，则其值为子元素value之和。'desc'：表示降序排序；'asc'：表示升序排序；'null'：表示不排序，使用原始数据的顺序；使用JavaScript回调函数进行排列
levels	旭日图多层级配置
label_opts	标签配置项
itemstyle_opts	数据项的配置

旭日图的数据项属性如表10-10所示。

表 10-10 旭日图的数据项属性

属　性	说　明
value	数据值，如果包含children，则可以不写value值。这时，将使用子元素的value之和作为父元素的value。如果value大于子元素之和，可以用来表示还有其他子元素未显示
name	显示在扇形块中的描述文字
link	单击此节点可跳转的超链接。Sunburst.add.node_click值为'link'时才生效

属　　　性	说　　　明
target	意义同HTML <a>标签中的target，跳转方式不同。blank是在新窗口或者新的标签页中打开，self则是在当前页面或者当前标签页打开
label_opts	标签配置项
itemstyle_opts	数据项的配置
children	子节点数据项配置（和SunburstItem一致，递归下去）

10.6.2　案例：绘制我的家庭树旭日图

为了分析我们的家庭人员的相互关系，可以绘制家庭树的旭日图，编写Python代码如下：

```
#声明Notebook类型，必须在引入pyecharts.charts等模块前声明
from pyecharts.globals import CurrentConfig, NotebookType
CurrentConfig.NOTEBOOK_TYPE = NotebookType.JUPYTER_LAB

from pyecharts import options as opts
from pyecharts.charts import Sunburst

def sunburst() -> Sunburst:
    data = [
        opts.SunburstItem(
            name="爷爷",
            children=[
                opts.SunburstItem(
                    name="李叔叔",
                    value=15,
                    children=[
                        opts.SunburstItem(name="表妹李诗诗", value=2),
                        opts.SunburstItem(
                            name="表哥李政",
                            value=5,
                            children=[opts.SunburstItem(name="表侄李佳", value=2)],
                        ),
                        opts.SunburstItem(name="表姐李诗", value=4),
                    ],
                ),
                opts.SunburstItem(
                    name="爸爸",
                    value=10,
                    children=[
                        opts.SunburstItem(name="我", value=5),
                        opts.SunburstItem(name="哥哥李海", value=1),
                    ],
                ),
            ],
        ),
```

```
        opts.SunburstItem(
            name="三爷爷",
            children=[
                opts.SunburstItem(
                    name="李叔叔",
                    children=[
                        opts.SunburstItem(name="表哥李靖", value=1),
                        opts.SunburstItem(name="表妹李静", value=2),
                    ],
                )
            ],
        ),
    ]
    c = (
        Sunburst()
        .add(series_name="我的家庭树旭日图", data_pair=data, radius=[0, "90%"])
        .set_global_opts(title_opts=opts.TitleOpts(title="我的家庭树旭日图"),
                    toolbox_opts=opts.ToolboxOpts())
        .set_series_opts(label_opts=opts.LabelOpts(formatter="{b}",
                    color='black',font_size=13))
    )
    return c
#第一次渲染时调用 load_javasrcript 文件
sunburst().load_javascript()
#展示数据可视化图表
sunburst().render_notebook()
```

在JupyterLab中运行上述代码，生成如图10-6所示的旭日图。

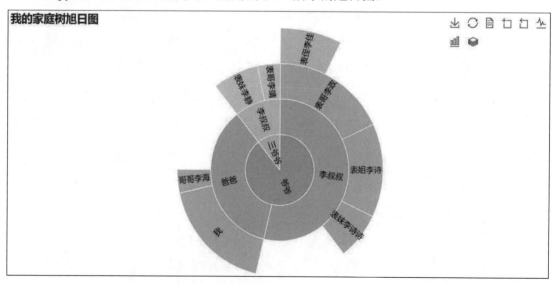

图 10-6　旭日图

10.7　主题河流图

主题河流图是一种特殊的流图,它主要用来表示事件或主题等在一段时间内的变化。它是一种围绕中心轴线移位的堆积面积图,形成流动的有机形状,显示了不同类别的数据随时间的变化。通过使用流动的有机形状,有点类似河流的水流。

在主题河流图中,每个流的形状大小与每个类别中的值成比例,平行流动的轴变量用于时间,是显示大量数据集的理想选择,以便随时间发现各种类别的趋势和模式。

本节介绍主题河流图的绘制方法与技巧。

10.7.1　主题河流图的属性

Pyecharts主题河流图的属性如表10-11所示。

表 10-11　主题河流图的属性

属　　性	说　　明
series_name	系列名称,用于 tooltip 的显示,legend 的图例筛选
data	系列数据项
is_selected	是否选中图例
label_opts	标签配置项
tooltip_opts	提示框组件配置项
singleaxis_opts	单轴组件配置项

10.7.2　案例:不同类型商品销售情况分析

为了分析2022年12月某企业不同类型商品的销售额情况,可以绘制其不同商品销售额的主题河流图,编写Python代码如下:

```
#声明 Notebook 类型,必须在引入 pyecharts.charts 等模块前声明
from pyecharts.globals import CurrentConfig, NotebookType
CurrentConfig.NOTEBOOK_TYPE = NotebookType.JUPYTER_LAB

import pymysql
from pyecharts import options as opts
from pyecharts.charts import Page, ThemeRiver

#连接 MySQL 表数据
conn = pymysql.connect(host='127.0.0.1',port=3306,user='root',password='root',
                       db='sales',charset='utf8')
cursor = conn.cursor()

#读取 MySQL 表数据
sql_num = "SELECT order_date,ROUND(SUM(sales),2),category FROM orders WHERE
```

```
                     order_date>='2022-12-01' and order_date<='2022-12-31' GROUP BY
                     category,order_date"
cursor.execute(sql_num)
sh = cursor.fetchall()
v1 = []
v2 = []
for s in sh:
    v1.append([s[0],s[1],s[2]])
#绘制主题河流图
def themeriver() -> ThemeRiver:
    c = (
        ThemeRiver()
        .add(
            ["办公类","家具类","技术类"],
            v1,
            singleaxis_opts=opts.SingleAxisOpts(type_="time", pos_bottom="10%")
        )
        .set_global_opts(title_opts=opts.TitleOpts(title="不同类型商品销售额比较分析"),
                        toolbox_opts=opts.ToolboxOpts(),
                        legend_opts=opts.LegendOpts(is_show=True,
                        pos_left ='center', pos_top ='top',
                        item_width = 25,item_height = 25)
            )
        .set_series_opts(label_opts=opts.LabelOpts(position='top',
                        color='black', font_size=15))
    )
    return c
#第一次渲染时调用 load_javasrcript 文件
themeriver().load_javascript()
#展示数据可视化图表
themeriver().render_notebook()
```

在JupyterLab中运行上述代码，生成如图10-7所示的主题河流图。

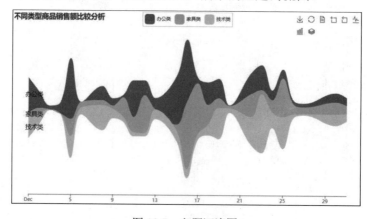

图 10-7　主题河流图

10.8　词云

词云就是对文本中出现频率较高的关键词予以视觉上的突出，形成"关键词云层"或"关键词渲染"，从而过滤掉大量的文本信息，使用户只要一眼扫过文本就可以领略文本的主旨。词云在现代文本数据分析中应用广泛。本节介绍词云的绘制方法与技巧。

10.8.1　词云的属性

Pyecharts词云的属性如表10-12所示。

表 10-12　词云的属性

属　　性	说　　明
series_name	系列名称，用于 tooltip 的显示，legend 的图例筛选
data_pair	系列数据项，[(word1, count1), (word2, count2)]，其中word1是指关键词1，count1是关键词1的数量，word2是指关键词2，count2是关键词2的数量
shape	词云图轮廓，有'circle'、'cardioid'、'diamond'、'triangle-forward'、'triangle'、'pentagon'、'star'可选
word_gap	单词间隔
word_size_range	单词字体大小范围
rotate_step	旋转单词角度
tooltip_opts	提示框组件配置项

10.8.2　案例：商品类型关键词词云

为了分析2022年某企业商品类型的构成情况，可以绘制其商品类型的关键词词云，编写Python代码如下：

```
#声明 Notebook 类型，必须在引入 pyecharts.charts 等模块前声明
from pyecharts.globals import CurrentConfig, NotebookType
CurrentConfig.NOTEBOOK_TYPE = NotebookType.JUPYTER_LAB


import pymysql
from pyecharts import options as opts
from pyecharts.charts import Page, WordCloud
from pyecharts.globals import SymbolType

#连接 MySQL 表数据
conn = pymysql.connect(host='127.0.0.1',port=3306,user='root',password='root',
                       db='sales',charset='utf8')
cursor = conn.cursor()
```

```
#读取 MySQL 表数据
sql_num = "SELECT subcategory,count(subcategory) FROM orders where
            dt=2022 GROUP BY subcategory"
cursor.execute(sql_num)
sh = cursor.fetchall()
v1 = []
for s in sh:
    v1.append((s[0],s[1]))


#绘制词云
def wordcloud() -> WordCloud:
    c = (
        WordCloud()
        .add("", v1, word_size_range=[20, 90],shape=SymbolType.DIAMOND)
        .set_global_opts(title_opts=opts.TitleOpts(title="2022 年销售商品类型
                    关键词词云"),
                    toolbox_opts=opts.ToolboxOpts())
    )
    return c


#第一次渲染时调用 load_javasrcript 文件
wordcloud().load_javascript()
#展示数据可视化图表
wordcloud().render_notebook()
```

在JupyterLab中运行上述代码，生成如图10-8所示的词云。

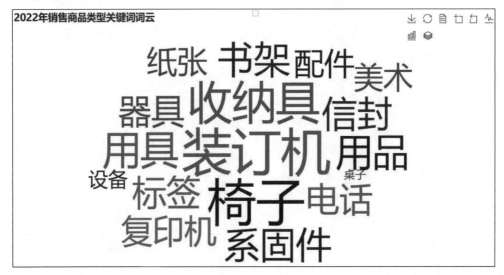

图 10-8　词云

10.9　玫瑰图

玫瑰图是弗罗伦斯·南丁格尔发明的,又名鸡冠花图、极坐标区域图,是南丁格尔在克里米亚战争期间提交的一份关于士兵死伤的报告中发明的一种图表。南丁格尔玫瑰图是在极坐标下绘制的柱状图,使用圆弧的半径长短表示数据的大小(数量的多少)。

由于半径和面积的关系是平方的关系,南丁格尔玫瑰图会将数据的比例大小夸大,尤其适合对比大小相近的数值。由于圆形有周期的特性,因此玫瑰图也适用于表示一个周期内的时间概念,比如星期、月份。

本节介绍玫瑰图的绘制方法与技巧。

10.9.1　玫瑰图的属性设置

玫瑰图其实是一类特殊的环形图,具体的属性设置可以参考环形图。

10.9.2　案例:不同职业群体的购买力分析

为了分析2022年某企业不同职业群体的购买力情况,可以绘制其不同群体的销售额的玫瑰图,编写Python代码如下:

```
#声明 Notebook 类型，必须在引入 pyecharts.charts 等模块前声明
from pyecharts.globals import CurrentConfig, NotebookType
CurrentConfig.NOTEBOOK_TYPE = NotebookType.JUPYTER_LAB

import pymysql
from pyecharts import options as opts
from pyecharts.charts import Page, Pie

#连接 MySQL 数据库
conn = pymysql.connect(host='127.0.0.1',port=3306,user='root',password='root',
                       db='sales',charset='utf8')
cursor = conn.cursor()

#读取 MySQL 表数据
sql_num = "SELECT occupation,ROUND(SUM(sales/10000),2) FROM customers,
           orders WHERE customers.cust_id=orders.cust_id and dt=2022 GROUP BY
           occupation"
cursor.execute(sql_num)
sh = cursor.fetchall()
v1 = []
v2 = []
for s in sh:
    v1.append(s[0])
    v2.append(s[1])
```

```python
#绘制玫瑰图
def rosetype() -> Pie:
    c = (
        Pie()
        .add(
            "",
            [list(z) for z in zip(v1, v2)],
            radius=["30%", "75%"],
            center=["50%", "55%"],
            rosetype="radius",
            label_opts=opts.LabelOpts(is_show=False),
        )
        .set_colors(["blue", "green", "purple", "red", "silver"])        #设置颜色
        .set_global_opts(title_opts=opts.TitleOpts(title="不同职业群体的购买力分析"),
                        legend_opts=opts.LegendOpts(orient="horizontal",
                        pos_left ='center',pos_top ='top',item_width = 25,
                        item_height = 25),
                        toolbox_opts=opts.ToolboxOpts())
        .set_series_opts(label_opts=opts.LabelOpts(formatter="{b}: {c}",
                        color='black',font_size=15))
    )
    return c
#第一次渲染时调用 load_javasrcript 文件
rosetype().load_javascript()
#展示数据可视化图表
rosetype().render_notebook()
```

在JupyterLab中运行上述代码，生成如图10-9所示的玫瑰图。

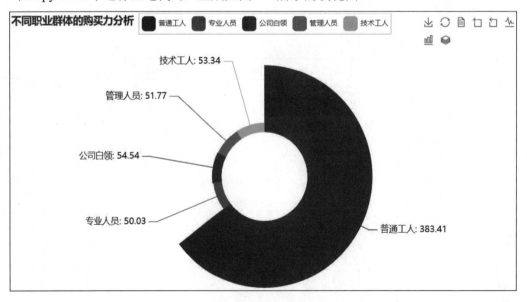

图 10-9　玫瑰图

10.10　平行坐标系

平行坐标系是信息可视化的一种重要技术,它是可视化高维几何和分析多元数据的常用方法。本节介绍平行坐标系的使用。

10.10.1　平行坐标系的属性设置

为了克服传统的笛卡尔直角坐标系不能表达三维及三维以上数据的问题,平行坐标系将高维数据的各个变量用一系列相互平行的坐标轴表示,变量值对应轴上的位置。为了反映变化趋势和各个变量之间的相互关系,往往将描述不同变量的各点连接成折线。

尽管平行坐标系是折线图类型,但和普通的折线图是有区别的,平行坐标系不局限于描述单一趋势关系,如时间序列的不同时间点, 可以为不同类型变量的数值描述。

平行坐标系的缺点在于:在数据非常密集时,它们可能过于杂乱,导致难以辨认。通常解决此问题的做法是在图中突出显示感兴趣的对象或集合,同时淡化其他对象,这样就可以在滤除噪声的同时描述重要的内容。

此外,在平行坐标系中,轴的排列顺序可能会影响对数据的理解,这是由于相邻变量之间的关系比非相邻变量更容易理解。因此,对坐标轴进行重新排序可以帮助发现变量之间的潜在模式。同时,平行坐标系描述的大多数是数值变量的关系,而对于定性或分类变量则比较勉强。

需要对三维及三维以上的数据进行可视化分析,一般与时间序列密切相关,轴与时间点不对应,没有固定的轴顺序。

Pyecharts库绘制平行坐标系的相关属性配置如表10-13所示。

表 10-13　平行坐标系参数配置

属　　性	说　　明
series_name	系列名称,用于tooltip的显示,legend的图例筛选
data	系列数据
is_selected	是否选中图例
is_smooth	是否平滑曲线
linestyle_opts	线条样式
tooltip_opts	提示框组件配置项
itemstyle_opts	图元样式配置项

10.10.2　案例:地区利润增长率比较分析

为了更好地指定2023年某企业的商品销售策略,我们统计汇总了该企业在2016年至2022年全国6个销售区域的商品利润增长率数据, 如表10-14所示。

表 10-14　商品年利润增长率

销售大区	2016年	2017年	2018年	2019年	2020年	2021年	2022年
西北	1.18	1.26	0.3	2.82	2.03	2.62	2.02
华中	7.18	9.26	12.3	6.82	9.03	4.62	2.82
西南	6.18	7.26	10.3	4.82	8.03	3.32	6.12
华南	9.18	9.26	13.3	13.82	14.63	11.62	15.12
东北	8.18	8.26	10.3	11.82	13.03	14.52	10.12
华东	10.98	18.66	20.83	15.62	17.93	16.82	19.62

这里我们研究西北、华中、西南、华南、东北和华东6个地区，在2016年至2022年共计7年每一年的利润情况，使用Pyecharts库绘制最近7年各个地区利润增长率的平行坐标系，编写代码如下：

```
#导入相关库
#声明 Notebook 类型，必须在引入 pyecharts.charts 等模块前声明
from pyecharts.globals import CurrentConfig, NotebookType
CurrentConfig.NOTEBOOK_TYPE = NotebookType.JUPYTER_LAB

import pyecharts.options as opts
from pyecharts.charts import Parallel

#设置坐标系维度
parallel_axis = [
    {"dim": 0,"name": "销售区域","type": "category"},
    {"dim": 1,"name": "2016 年"},
    {"dim": 2,"name": "2017 年"},
    {"dim": 3,"name": "2018 年"},
    {"dim": 4,"name": "2019 年"},
    {"dim": 5,"name": "2020 年"},
    {"dim": 6,"name": "2021 年"},
    {"dim": 7,"name": "2022 年"}]

#数据设置
data = [["西北",1.18,1.26,0.3,02.82,2.03,2.62,2.02],
        ["华中",7.18,9.26,12.3,6.82,9.03,4.62,2.82],
        ["西南",6.18,7.26,10.3,4.82,8.03,3.32,6.12],
        ["华南",9.18,9.26,13.3,13.82,14.63,11.62,15.12],
        ["东北",8.18,8.26,10.3,11.82,13.03,14.52,10.12],
        ["华东",10.98,18.66,20.83,15.62,17.93,16.82,19.62]
        ]

#绘制平行坐标系
def Parallel_splitline() -> Parallel:
    c = (
        Parallel()
```

```
        .add_schema(schema=parallel_axis)
        .add(
            series_name="",
            data=data,
            linestyle_opts=opts.LineStyleOpts(width=4, opacity=0.5,
                            color = '#993300'),
        )
    )
    return c
#第一次渲染时调用 load_javascript 文件
Parallel_splitline().load_javascript()
#展示数据可视化图表
Parallel_splitline().render_notebook()
```

在JupyterLab中运行上述代码，生成如图10-10所示的平行坐标系。

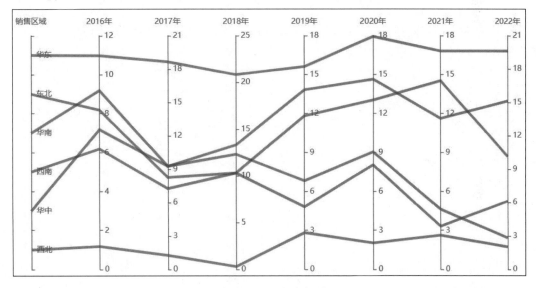

图 10-10　平行坐标系

可以看出，在最近7年的销售情况比较中，华东地区的业绩表现优秀，东北地区和华南地区表现较好，西南地区和华中地区表现一般，西北地区表现较差。

10.11　动手练习

动手练习1：使用数据库中的订单表（orders），利用Pyecharts绘制如图10-11所示的2022年12月不同支付方式销售额的主题河流图。

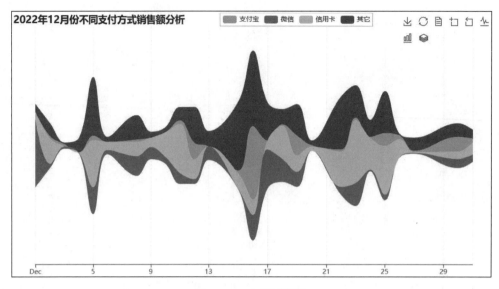

图 10-11　主题河流图

动手练习2: 使用商品报表（2022年上半年各地区利润表.xls），利用Pyecharts绘制如图10-12所示的各地区利润额的平行坐标系。

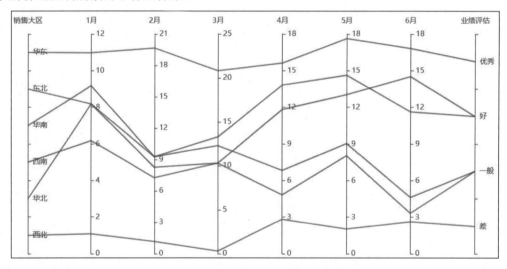

图 10-12　平行坐标系

第4篇 数据可视化案例

Python具有强大的可视化库，使得每位开发人员都能轻松地对数据进行分析，进而绘制出满足需要的图表。本篇将通过实际案例介绍Python数据可视化技术，案例包括上海市空气质量状况分析、我国人口现状及趋势分析、京东商品评论可视化分析。通过学习这些案例，读者可掌握项目的操作方法，解决实际工作中的问题。

第 11 章

案例1：空气质量状况分析

随着我国经济的快速发展，空气质量区域性特性日渐明显。上海市经济迅速发展的同时，环境污染问题也得到明显改善，主要环境影响因素指标有细颗粒物（PM2.5）、颗粒物（PM10）、二氧化硫（SO_2）、二氧化氮（NO_2）、一氧化碳（CO）、臭氧（O_3）等。本章利用Python对2014年至2022年上海市的空气质量数据进行可视化分析。

11.1 案例背景及数据爬取

11.1.1 案例背景介绍

空气污染物是由气态物质、挥发性物质、半挥发性物质和颗粒物质的混合物组成的，其中主要是PM2.5、PM10、SO_2、NO_2、CO、O_3等污染物。

影响空气污染物的因素：一是气象因素，气象条件是影响大气污染的一个重要因素，如风向、风速、气温和湿度等，都直接增加污染物的危害程度；二是地形因素，例如在窝风的丘陵和山谷盆地，污染物不能顺利扩散开去，可能形成一定范围的污染区；三是植物的净化作用，花草树林可以过滤和净化大气中的粉尘和有害气体，为减轻大气污染起着不可忽视的作用。

空气质量指数（Air Quality Index，AQI）又称空气污染指数，是根据环境空气质量标准和各项污染物对人体健康、生态、环境的影响，将常规监测的几种空气污染物浓度简化为单一的概念性指数值形式。

目前各国的空气质量标准大不相同，AQI的取值范围自然也就不同，我国采用的标准和美国标准相似，其取值范围在0～500，如表11-1所示。

表 11-1   空气质量指数标准

空气质量指数	污染级别	对健康的影响	建议采取的措施
0~50	优	空气质量令人满意，基本无空气污染，对健康没有危害	各类人群可多参加户外活动，多呼吸一下清新的空气
51~100	良	除少数对某些污染物特别敏感的人群外，不会对人体健康产生危害	除少数对某些污染物特别容易过敏的人群外，其他人群可以正常进行室外活动
101~150	轻度污染	敏感人群症状会有轻度加剧，对健康人群没有明显影响	儿童、老年人及心脏病、呼吸系统疾病患者应尽量减少体力消耗大的户外活动
151-200	中度污染	敏感人群症状进一步加剧，可能对健康人群的心脏、呼吸系统有影响	儿童、老年人及心脏病、呼吸系统疾病患者应尽量减少外出，停留在室内，一般人群应适量减少户外运动
201~300	重度污染	空气状况很差，会对每个人的健康都产生比较严重的危害	儿童、老年人及心脏病、肺病患者应停留在室内，停止户外运动，一般人群尽量减少户外运动
>300	严重污染	空气状况极差，所有人的健康都会受到严重危害	儿童、老年人和病人应停留在室内，避免体力消耗，除有特殊需要的人群外，一般人群尽量不要停留在室外

11.1.2   案例数据爬取

本案例以"天气后报"网的空气质量数据为数据来源，如图11-1所示，采集了从2014年至2022年共计9年的上海市空气质量数据，共获得3240条记录，案例数据集中的字段信息包括：日期、质量等级、AQI指数、当天AQI排名、PM2.5、PM10、SO_2、NO_2、CO和O_3等信息。

图 11-1   数据来源

爬虫是一种自动化程序，可以从网页中提取数据并进行处理。下面首先使用Requests库向目标网站发送请求，然后使用BeautifulSoup库解析网页，并提取需要的数据，最后将爬取的空气质量数据保存到本地MySQL数据库中，代码如下：

```
import time
import pymysql
import requests
from bs4 import BeautifulSoup

#连接 MySQL 数据库
conn = pymysql.connect(host='127.0.0.1',port=3306,user='root',password='root',
                       db='aqi',charset='utf8')
cursor = conn.cursor()

headers = {
    'User-Agent':'Mozilla/5.0 (Windows NT 6.1; WOW64) AppleWebKit/537.36 (KHTML,
               like Gecko) Chrome/63.0.3239.132 Safari/537.36'}
for y in range(2014,2023):
    for i in range(1, 13):
        time.sleep(5)
        #把 1 转换为 01
        url = 'http://www.tianqihoubao.com/aqi/shanghai-' + str(y) +
               str("%02d" % i) + '.html'
        response = requests.get(url=url, headers=headers)
        soup = BeautifulSoup(response.text, 'html.parser')
        tr = soup.find_all('tr')
        #去除标签栏
        for j in tr[1:]:
            td = j.find_all('td')
            Date = td[0].get_text().strip()
            Quality_level = td[1].get_text().strip()
            AQI = td[2].get_text().strip()
            AQI_rank = td[3].get_text().strip()
            PM25 = td[4].get_text()
            PM10 = td[5].get_text()
            SO2 = td[6].get_text()
            NO2 = td[7].get_text()
            CO = td[8].get_text()
            O3 = td[9].get_text()
            sql = f"INSERT INTO shanghai (Date,Quality_level,AQI,AQI_rank,PM25,
                   PM10,SO2,NO2,CO,O3) VALUES ('{Date}','{Quality_level}','{AQI}',
                   '{AQI_rank}', '{PM25}','{PM10}','{SO2}','{NO2}','{CO}','{O3}')"
            cursor.execute(sql)
conn.commit()
```

下面通过描述性统计分析，检查爬取的上海市空气质量数据中有没有重复值、异常值、缺失值等，代码如下：

```
import pymysql
import pandas as pd

#连接 MySQL 表数据
conn = pymysql.connect(host='127.0.0.1',port=3306,user='root',password='root',
                        db='aqi',charset='utf8')
sql_num = "SELECT Quality_level,PM25 as 'PM2.5',PM10,SO2,NO2,CO,O3 FROM shanghai"
df = pd.read_sql(sql_num,conn)
df.describe()
```

运行上述代码，输出结果如下：

	Quality_level	PM2.5	PM10	SO2	NO2	CO	O3
count	3240	3240	3240	3240	3240	3240	3240
unique	6	155	188	57	111	146	155
top	优	16	35	5	28	0.58	51
freq	1448	91	78	502	92	94	55

11.2 历年数据总体分析

近些年来，上海市一直大力推进挥发性有机化合物（Volatile Organic Compounds，VOCs）及重点行业污染治理，重点实施精细化扬尘管控，取得了一定的成效。上海市区环境空气质量总体趋于良好，大气空气质量优良的天数逐年上升。

11.2.1 历年 AQI 总体比较分析

为了比较分析2014年至2022年上海市空气质量状况，绘制近9年AQI数据的雷达图，Python代码如下：

```
#声明 Notebook 类型，必须在引入 pyecharts.charts 等模块前声明
from pyecharts.globals import CurrentConfig, NotebookType
CurrentConfig.NOTEBOOK_TYPE = NotebookType.JUPYTER_LAB

import pymysql
from pyecharts import options as opts
from pyecharts.charts import Page, Radar

#连接 MySQL 表数据
conn = pymysql.connect(host='127.0.0.1',port=3306,user='root',password='root',
        db='aqi',charset='utf8')
cursor = conn.cursor()

#读取 MySQL 表数据
```

```
sql_num = "SELECT year(Date),ROUND(avg(AQI),2) FROM shanghai GROUP BY year(Date)"
cursor.execute(sql_num)
sh = cursor.fetchall()
v1 = []
v2 = []
for s in sh:
    v1.append(s[0])
    v2.append(s[1])

#绘制雷达图
def radar_base() -> Radar:
    c = (
        Radar()
        .add_schema(
            schema=[
                opts.RadarIndicatorItem(name="2014 年", max_=100),
                opts.RadarIndicatorItem(name="2015 年", max_=100),
                opts.RadarIndicatorItem(name="2016 年", max_=100),
                opts.RadarIndicatorItem(name="2017 年", max_=100),
                opts.RadarIndicatorItem(name="2018 年", max_=100),
                opts.RadarIndicatorItem(name="2019 年", max_=100),
                opts.RadarIndicatorItem(name="2020 年", max_=100),
                opts.RadarIndicatorItem(name="2021 年", max_=100),
                opts.RadarIndicatorItem(name="2022 年", max_=100),
            ],
            radius='80%',
            angleaxis_opts=opts.AngleAxisOpts(
            min_=0,
            max_=360,
            is_clockwise=False,
            interval=5,
            axistick_opts=opts.AxisTickOpts(is_show=False),
            axislabel_opts=opts.LabelOpts(is_show=False,color='black',
                        font_size=10),
            axisline_opts=opts.AxisLineOpts(is_show=False),
            splitline_opts=opts.SplitLineOpts(is_show=False)
            ),
            radiusaxis_opts=opts.RadiusAxisOpts(
            min_=-4,
            max_=4,
            interval=2,
            axislabel_opts=opts.LabelOpts(is_show=True,color='black',
                        font_size=15),
            splitarea_opts=opts.SplitAreaOpts(
```

```
                        is_show=True,
                        areastyle_opts=opts.AreaStyleOpts(opacity=1)
                        ),
                ),
                polar_opts=opts.PolarOpts(),
                splitarea_opt=opts.SplitAreaOpts(is_show=False),
                splitline_opt=opts.SplitLineOpts(is_show=False),
                textstyle_opts=opts.TextStyleOpts(font_family='Arial',color='black',
                        font_size=15),
        )
        .add("AQI", [v2])
        .set_global_opts(
                title_opts=opts.TitleOpts(title="上海市历年 AQI 比较分析"),
                legend_opts=opts.LegendOpts(is_show=False),
                toolbox_opts=opts.ToolboxOpts()
        )
        .set_series_opts(label_opts=opts.LabelOpts(is_show=False,
                        position='top', color='black',font_size=15))
    )
    return c
#第一次渲染时调用 load_javasrcript 文件
radar_base().load_javascript()
#展示数据可视化图表
radar_base().render_notebook()
```

在JupyterLab中运行上述代码，生成如图11-2所示的图。

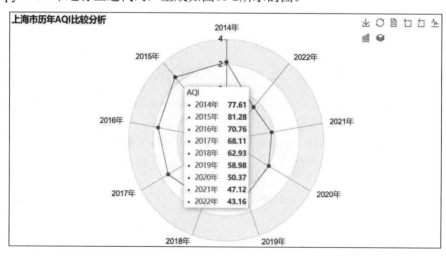

图 11-2　历年 AQI 雷达图

从图11-2可以看出，上海市AQI均值从2014年的77.61下降到2022年的43.16，呈现逐渐下降的趋势。

11.2.2　历年季度 AQI 趋势分析

为了比较分析2014年至2022年每个季度的空气质量状况，绘制近9年每个季度的AQI折线图，Python代码如下：

```python
import pymysql
import matplotlib as mpl
import matplotlib.pyplot as plt
mpl.rcParams['font.sans-serif']=['SimHei']
plt.rcParams['axes.unicode_minus']=False

#连接 MySQL 数据库
conn = pymysql.connect(host='127.0.0.1',port=3306,user='root',password='root',
        db='aqi',charset='utf8')
cursor = conn.cursor()

#读取 MySQL 表数据
sql_num = "SELECT CONCAT(year(Date),'_Q',QUARTER(STR_TO_DATE(Date,'%Y-%m-%d')))
        as Date_q, round(avg(AQI),2) FROM shanghai group by Date_q"
cursor.execute(sql_num)
sh = cursor.fetchall()
v1 = []
v2 = []
for s in sh:
    v1.append(s[0])
    v2.append(s[1])

def addlabels(x,y):
    for i in range(len(x)):
        plt.text(i,y[i],y[i],ha = 'center', fontsize = 13, c = 'black')

#设置图形大小
plt.figure(figsize=(15,8))
#绘制折线图
plt.plot(v1,v2,linestyle='-.',color='red',linewidth=5.0)
#设置纵坐标范围
plt.ylim((0,100))
#设置横轴标签及刻度
plt.xlabel("季度",fontsize=20)
addlabels(v1, v2)
plt.xticks(fontproperties='Times New Roman',rotation=90,size=15)
#设置纵轴标签及刻度
plt.ylabel("AQI 均值",fontsize=20)
plt.yticks(fontproperties='Times New Roman',size=15)
```

```
#设置折线图名称
plt.title("历年季度 AQI 趋势分析",fontsize=25)
plt.show()
```

在JupyterLab中运行上述代码，生成如图11-3所示的图。

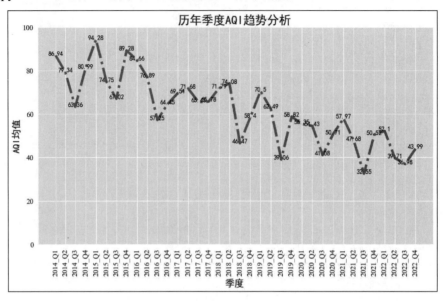

图 11-3　历年季度 AQI 折线图

从图11-3可以看出，在2014年至2022年的9年中，基本每一年第一季度的AQI均值最高，每一年第三季度的AQI均值最低，但是总体呈现逐渐下降的趋势。

11.2.3　历年空气污染物分析

为了分析2014年至2022年上海市空气主要污染物的情况，绘制PM2.5、PM10、SO_2、NO_2、CO、O_3均值的平行坐标系，Python代码如下：

```
#声明 Notebook 类型，必须在引入 pyecharts.charts 等模块前声明
from pyecharts.globals import CurrentConfig, NotebookType
CurrentConfig.NOTEBOOK_TYPE = NotebookType.JUPYTER_LAB

import pymysql
import pyecharts.options as opts
from pyecharts.charts import Parallel

#连接 MySQL 数据库
conn = pymysql.connect(host='127.0.0.1',port=3306,user='root',password='root',
                       db='aqi',charset='utf8')
cursor = conn.cursor()

#读取 MySQL 表数据
```

```
sql_num = "SELECT year(Date),avg(PM25),avg(PM10),avg(SO2),avg(NO2),avg(CO),
            avg(O3) FROM shanghai group by year(Date)"
cursor.execute(sql_num)
sh = cursor.fetchall()
sh = list(sh)
```

```
#设置坐标系维度
parallel_axis = [
    {"dim": 0,"name": "年份","type": "category"},
    {"dim": 1,"name": "PM2.5"},
    {"dim": 2,"name": "PM10"},
    {"dim": 3,"name": "SO2"},
    {"dim": 4,"name": "NO2"},
    {"dim": 5,"name": "CO"},
    {"dim": 6,"name": "O3"}]
```

```
#绘制平行坐标系
def Parallel_splitline() -> Parallel:
    c = (
        Parallel()
        .add_schema(schema=parallel_axis)
        .add(
            series_name="",
            data=sh,
            linestyle_opts=opts.LineStyleOpts(width=5, opacity=0.5,
                            type_ = 'solid',color = '#FF0000'),
        )
        .set_global_opts(
            title_opts=opts.TitleOpts(title="历年空气污染物比较分析"),
            toolbox_opts=opts.ToolboxOpts()
            )
        )
    return c
```

```
#第一次渲染时调用 load_javascript 文件
Parallel_splitline().load_javascript()
#展示数据可视化图表
Parallel_splitline().render_notebook()
```

在JupyterLab中运行上述代码，生成如图11-4所示的图。

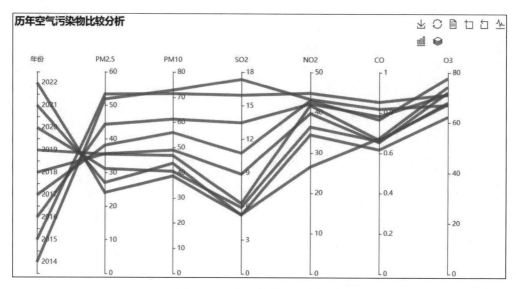

图 11-4　空气污染物平行坐标系

从图11-4可以看出，在2014年至2022年的9年中，PM2.5、PM10、SO$_2$、NO$_2$的浓度下降得比较明显，尤其是SO$_2$的浓度从2014年的17.35微克/立方米下降到2022年的5.28微克/立方米。

11.3　2022年空气质量分析

2012年我国新修订发布的《环境空气质量标准》首次增加了PM2.5监测指标。下面主要从PM2.5、PM10、SO$_2$、NO$_2$、CO和O$_3$ 6种污染物，具体分析2022年上海市的空气质量特征。

11.3.1　空气质量等级分析

为了分析2022年上海市空气质量等级情况，绘制空气质量等级分布的环形图，Python代码如下：

```
#声明 Notebook 类型，必须在引入 pyecharts.charts 等模块前声明
from pyecharts.globals import CurrentConfig, NotebookType
CurrentConfig.NOTEBOOK_TYPE = NotebookType.JUPYTER_LAB


from pyecharts import options as opts
from pyecharts.charts import Page, Pie
import pymysql


#连接 MySQL 数据库
conn = pymysql.connect(host='127.0.0.1',port=3306,user='root',password='root',
                       db='aqi',charset='utf8')
```

```
cursor = conn.cursor()

#读取 MySQL 表数据
sql_num = "SELECT Quality_level,ROUND(count(Quality_level)/
          (SELECT count(Quality_level) FROM shanghai where
          year(Date)=2022)*100,2) FROM shanghai where year(Date)=2022
          GROUP BY Quality_level"
cursor.execute(sql_num)
sh = cursor.fetchall()
v1 = []
v2 = []
for s in sh:
    v1.append(s[0])
    v2.append(s[1])

#绘制环形图
def pie_radius() -> Pie:
    c = (
        Pie()
        .add("",[list(z) for z in zip(v1, v2)],radius=["40%", "75%"])
        .set_colors(["blue", "green", "purple", "red", "silver"])
        .set_global_opts(
            title_opts=opts.TitleOpts(title="2022 年空气质量等级分析",
            title_textstyle_opts=opts.TextStyleOpts(font_size=20)),
            toolbox_opts=opts.ToolboxOpts(),
            legend_opts=opts.LegendOpts(orient="vertical", pos_top="35%",
            pos_left="2%"
            ),
        )
        .set_series_opts(label_opts=opts.LabelOpts(formatter="{b}: {c}%",
                                    position='top',font_size=16))
    )
    return c

#第一次渲染时调用 load_javasrcript 文件
pie_radius().load_javascript()
#展示数据可视化图表
pie_radius().render_notebook()
```

在JupyterLab中运行上述代码，生成如图11-5所示的图。

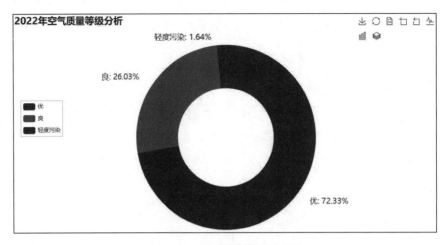

图 11-5　空气质量等级环形图

从图11-5可以看出，在2022年空气质量等级为优的天数占比达到72.33%，为良的天数为26.03%，轻度污染的天数占比仅为1.64%。

11.3.2　每月 AQI 数据分析

为了分析2022年每个月份的AQI数据分布情况，绘制每个月份AQI均值的条形图，Python代码如下：

```
#声明 Notebook 类型，必须在引入 pyecharts.charts 等模块前声明
from pyecharts.globals import CurrentConfig, NotebookType
CurrentConfig.NOTEBOOK_TYPE = NotebookType.JUPYTER_LAB

import pymysql
from pyecharts import options as opts
from pyecharts.charts import Bar, Page

#连接 MySQL 数据库
conn = pymysql.connect(host='127.0.0.1',port=3306,user='root',password='root',
                       db='aqi',charset='utf8')
cursor = conn.cursor()

#读取 MySQL 表数据
sql_num = "SELECT MONTHNAME(Date),round(avg(AQI),2) FROM shanghai where
          year(Date)=2022 group by MONTHNAME(Date)"
cursor.execute(sql_num)
sh = cursor.fetchall()
v1 = []
v2 = []
for s in sh:
    v1.append(s[0])
    v2.append(s[1])

#绘制条形图
```

```
def line_toolbox() -> Bar:
    c = (
        Bar()
        .add_xaxis(v1)
        .add_yaxis("AQI", v2, stack="stack1",color='#5959AB')
        .set_series_opts(label_opts=opts.LabelOpts(is_show=False))
        .set_global_opts(title_opts=opts.TitleOpts(title="2022 年每月 AQI 比较分析"),
                    toolbox_opts=opts.ToolboxOpts(),legend_opts=
                    opts.LegendOpts(is_show=True),
                    xaxis_opts=opts.AxisOpts(name='月份',name_textstyle_opts
                    =opts.TextStyleOpts(color='red',font_size=20),
                    axislabel_opts= opts.LabelOpts(font_size=15,rotate=45)),
                    yaxis_opts=opts.AxisOpts(name='AQI',name_textstyle_opts=
                    opts.TextStyleOpts(color='red',font_size=20),
                    axislabel_opts=opts.LabelOpts (font_size=15,),
                    name_location = "middle")

        )
        .set_series_opts(label_opts=opts.LabelOpts(position='top',
                    color='black', font_size=15))

    )
    return c
#第一次渲染时调用 load_javasrcript 文件
line_toolbox().load_javascript()
#展示数据可视化图表
line_toolbox().render_notebook()
```

在JupyterLab中运行上述代码，生成如图11-6所示的图。

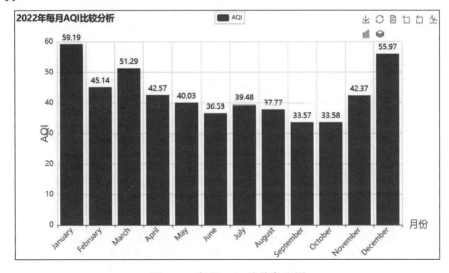

图 11-6　每月 AQI 均值条形图

从图11-6可以看出，在2022年上海市空气AQI均值基本呈现先下降后上升的趋势，最高的是1月59.19，最低的是9月33.57。

11.3.3 每周 AQI 数据分析

为了分析2022年每周的AQI数据分布情况，绘制每周AQI均值的折线图，Python代码如下：

```python
#声明 Notebook 类型，必须在引入 pyecharts.charts 等模块前声明
from pyecharts.globals import CurrentConfig, NotebookType
CurrentConfig.NOTEBOOK_TYPE = NotebookType.JUPYTER_LAB

from pyecharts import options as opts
from pyecharts.charts import Line, Page
import pymysql

#连接 MySQL 数据库
conn = pymysql.connect(host='127.0.0.1',port=3306,user='root',password='root',
                       db='aqi',charset='utf8')
cursor = conn.cursor()

#读取 MySQL 表数据
sql_num = "SELECT week(Date,1) as week, round(avg(AQI),2) FROM shanghai where
           year(Date)=2022 group by week"
cursor.execute(sql_num)
sh = cursor.fetchall()
v1 = []
v2 = []
for s in sh:
    v1.append(s[0])
    v2.append(s[1])

#绘制折线图
def line_toolbox() -> Line:
    c = (
        Line()
        .add_xaxis(v1)
        .add_yaxis("AQI", v2, is_smooth=True,is_selected=True)
        .set_global_opts(
            title_opts=opts.TitleOpts(title="2022 年每周 AQI 趋势分析"),
            toolbox_opts=opts.ToolboxOpts(),
            legend_opts=opts.LegendOpts(is_show=True),
            xaxis_opts=opts.AxisOpts(name='周数',
            name_textstyle_opts=opts.TextStyleOpts(color='red',font_size=20),
            axislabel_opts=opts.LabelOpts(font_size=15,rotate=45)),
```

```
            yaxis_opts=opts.AxisOpts(name='AQI',name_textstyle_opts=
            opts.TextStyleOpts(color='red',font_size=20),
            axislabel_opts= opts.LabelOpts(font_size=15,),
            name_location = "middle")
        )
        .set_series_opts(label_opts=opts.LabelOpts(position='top',
                    color='black', font_size=13))
    )
    return c
```

```
#第一次渲染时调用 load_javasrcript 文件
line_toolbox().load_javascript()
#展示数据可视化图表
line_toolbox().render_notebook()
```

在JupyterLab中运行上述代码，生成如图11-7所示的图。

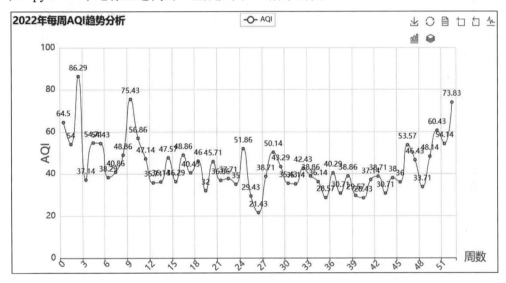

图 11-7　每周 AQI 均值折线图

从图11-7可以看出，在2022年上海市空气AQI均值基本呈现两头翘尾，即年末、年初数据较高，中间数值较低且平顺，波动较小。

11.3.4　每日 AQI 数据分析

为了分析2022年每日的AQI数据分布情况，绘制每日AQI均值的日历图，Python代码如下：

```
#声明 Notebook 类型，必须在引入 pyecharts.charts 等模块前声明
from pyecharts.globals import CurrentConfig, NotebookType
CurrentConfig.NOTEBOOK_TYPE = NotebookType.JUPYTER_LAB


from pyecharts import options as opts
```

```python
from pyecharts.charts import Calendar, Page
import pymysql

#连接 MySQL 数据库
conn = pymysql.connect(host='127.0.0.1',port=3306,user='root',password='root',
                       db='aqi',charset='utf8')
cursor = conn.cursor()

#读取 MySQL 表数据
sql_num = "SELECT Date,AQI FROM shanghai WHERE year(Date)=2022"
cursor.execute(sql_num)
sh = cursor.fetchall()
v1 = []
for s in sh:
    v1.append([s[0],s[1]])
data = v1

#绘制日历图
def calendar_base() -> Calendar:

    c = (
        Calendar()
        .add("", data, calendar_opts=opts.CalendarOpts(range_="2022"))
        .set_global_opts(
            title_opts=opts.TitleOpts(title="2022 年 AQI 日历图"),
            visualmap_opts=opts.VisualMapOpts(
                max_=150,
                min_=10,
                orient="horizontal",    #vertical 表示垂直的, horizontal 表示水平的
                is_piecewise=True,
                pos_top="200px",
                pos_left="10px"
            ),
            toolbox_opts=opts.ToolboxOpts(is_show=False),
            legend_opts=opts.LegendOpts(is_show=True)
        )
    )
    return c

#第一次渲染时调用 load_javascript 文件
calendar_base().load_javascript()
#展示数据可视化图表
calendar_base().render_notebook()
```

在JupyterLab中运行上述代码，生成如图11-8所示的图。

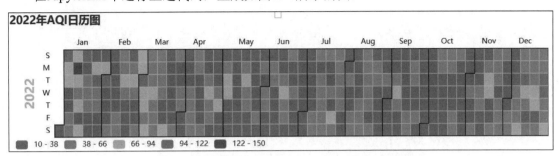

图 11-8　每日 AQI 日历图

从图11-8可以看出，在2022年上海市空气AQI均值数据，红色数值较高的天数基本都出现在1月和12月。

11.4　污染物数据高级分析

11.4.1　6 种污染物相关分析

为了深入研究PM2.5、PM10、SO_2、NO_2、CO、O_3之间的相关关系，我们绘制它们之间的相关系数热力图，颜色的深浅表示相关系数的大小，Python代码如下：

```
import pymysql
import pandas as pd
import seaborn as sns
import matplotlib.pyplot as plt
plt.rcParams['font.sans-serif'] = ['SimHei']
plt.rcParams['axes.unicode_minus']=False

#连接 MySQL 数据库
conn = pymysql.connect(host='127.0.0.1',port=3306,user='root',password='root',
                       db='aqi',charset='utf8')
sql = "SELECT Date,PM25 as 'PM2.5',PM10,SO2,NO2,CO,O3 FROM shanghai WHERE
                 year(Date)=2022"
df = pd.read_sql(sql,conn)

#计算皮尔逊相关系数
corr = df[['PM2.5','PM10','SO2','NO2','CO','O3']].corr()
print(corr)

#绘制相关系数热力图
plt.figure(figsize=[12,7])
#annot=True 表示在方格内显示数值
sns.heatmap(corr,annot=True, fmt='.4f',square=True,cmap='Pastel1_r',
```

```
                    linewidths=1.0, annot_kws={'size':14,'weight':'bold',
                    'color':'blue'})
sns.set_context("notebook", font_scale=1.8, rc={"lines.linewidth": 1.8})
sns.set_style('ticks')    #设置图形风格为ticks
```

在JupyterLab中运行上述代码，生成如图11-9所示的图。

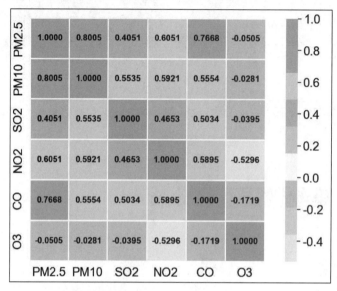

图 11-9　污染物相关系数矩阵

从图11-9可以看出，PM2.5与PM10的相关系数达到0.8005，两者呈现高度正相关，PM2.5与CO的相关系数也达到0.7668，两者呈现较高的正相关。

11.4.2　PM2.5 与 PM10 回归分析

为了深入分析2022年PM2.5与PM10之间的函数关系，我们对其进行线性回归分析，其中横轴是PM10，纵轴是PM2.5，Python代码如下：

```
import pymysql
import pandas as pd
import seaborn as sns
import matplotlib.pyplot as plt

plt.figure(figsize=[12,7])
sns.set_style('darkgrid')

#连接MySQL数据库
conn = pymysql.connect(host='127.0.0.1',port=3306,user='root',password='root',
                    db='aqi',charset='utf8')
sql = "SELECT MONTH(Date),avg(PM25) as 'PM2.5',avg(PM10) as PM10,avg(SO2),
        avg(NO2),avg(CO),avg(O3) FROM shanghai WHERE year(Date)=2022 group by
        MONTH(Date)"
```

```
df = pd.read_sql(sql,conn)
#绘制线性回归图
sns.regplot(x=df['PM10'],y=df['PM2.5'],data=df,marker="+",color='red')
sns.set_context("notebook", font_scale=1.8, rc={"lines.linewidth": 1.8})
#设置 x 轴的刻度
plt.xlim(30.0,60.0)
```

在JupyterLab中运行上述代码，生成如图11-10所示的线性回归图。

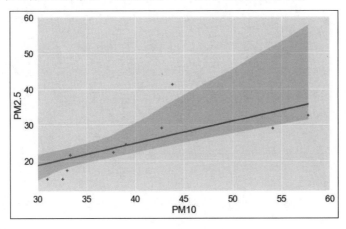

图 11-10　线性回归图

从图11-10可以看出，大部分数据点基本都位于回归线附近。

11.4.3　PM2.5 与 PM10 残差分析

为了检验上述回归模型的优劣，我们绘制线性回归模型的残差散点图，其中横轴是PM10，纵轴是残差，Python代码如下：

```
import pymysql
import pandas as pd
import seaborn as sns
import matplotlib.pyplot as plt

plt.figure(figsize=[12,7])
sns.set_style('darkgrid')

#连接 MySQL 数据库
conn = pymysql.connect(host='127.0.0.1',port=3306,user='root',password='root',
                       db='aqi',charset='utf8')
sql = "SELECT MONTH(Date),avg(PM25) as 'PM2.5',avg(PM10) as PM10,avg(SO2),
      avg(NO2),avg(CO),avg(O3) FROM shanghai WHERE year(Date)=2022 group by
      MONTH(Date)"
df = pd.read_sql(sql,conn)

#绘制残差图
```

```
sns.residplot(x=df['PM10'],y=df['PM2.5'],data=df,color='red')
sns.set_context("notebook", font_scale=1.8, rc={"lines.linewidth": 1.8})
plt.ylabel('residual')
```

在JupyterLab中运行上述代码，生成如图11-11所示的残差图。

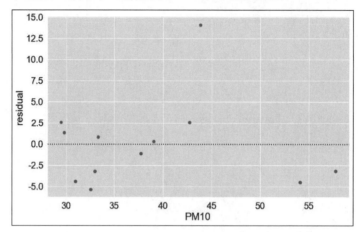

图 11-11　回归残差图

从图11-11可以看出，回归模型的残差取值范围在−5.0～2.5，但是也有异常点，回归模型效果一般。

11.5　案例小结

随着经济的快速发展和城市化的加速，能源的大量消耗产生了大量对人体有害的物质，对大气环境造成了一定程度的污染。随着生态文明建设理念的普及，人们的环境空气质量意识在不断提高，要求也逐渐提升。

中国的环境空气质量标准2012年进行了第三次修订，调整了环境空气功能区分类，居住区、商业交通居民混合区、文化区、工业区和农村地区执行二类标准，调整了部分污染物的浓度限值，增设了PM2.5浓度限值和臭氧8小时平均浓度限值。

2022年，上海市生态环境质量持续改善，主要污染物浓度进一步下降。2022年，上海市环境空气质量指数（AQI）优良天数为359天，AQI优良率为98.36%。细颗粒物（PM2.5）年均浓度为24.07微克/立方米，二氧化硫（SO_2）、可吸入颗粒物（PM10）、二氧化氮（NO_2）年均浓度分别为5.28微克/立方米、38.70微克/立方米、26.50微克/立方米，均为有监测记录以来的最低值，臭氧浓度为74.22微克/立方米，一氧化碳（CO）浓度为0.67毫克/立方米。近5年的监测数据表明，上海市酸雨污染总体呈现改善趋势。

第 **12** 章

案例2：人口现状及趋势分析

在人口数据中，有三项是我们案例中需要的数据：总人口，人口出生率、死亡率和自然增长率，人口年龄结构和抚养比。获取原数据之后，由于数据量较少，可以直接在Excel中进行数据清洗。

我们可以在国家统计局官方网站爬取从1949年后到2022年的人口相关数据，提取出需要的数据，整理并保存到MySQL数据库中，然后即可对此数据进行可视化分析。

12.1 人口总数及结构分析

本节通过最近若干年国内人口数据分析来预测我国人口未来几年的变化趋势。

12.1.1 人口总数趋势分析

2021年年底，我国人口总数达到峰值14.126亿，2022年年末为14.1175亿，有小幅下降，为了深入分析我国人口未来几年的变化趋势，我们绘制最近13年年末总人口的折线图，其中横轴是年份，纵轴是人口数，代码如下：

```
#声明 Notebook 类型，必须在引入 pyecharts.charts 等模块前声明
from pyecharts.globals import CurrentConfig, NotebookType
CurrentConfig.NOTEBOOK_TYPE = NotebookType.JUPYTER_LAB

import pymysql
from pyecharts import options as opts
from pyecharts.charts import Line, Page

#连接 MySQL 数据库
```

```python
conn = pymysql.connect(host='127.0.0.1',port=3306,user='root',password='root',
        db='people',charset='utf8')
cursor = conn.cursor()
sql_num = "SELECT 年份,round(总人口/10000,4) FROM people_total where 年份>=
        2010 order by 年份 asc"
cursor.execute(sql_num)
sh = cursor.fetchall()
v1 = []
v2 = []
for s in sh:
    v1.append(s[0])
    v2.append(s[1])

#绘制折线图
def line_toolbox() -> Line:
    c = (
        Line(init_opts=opts.InitOpts(width="1024px", height="468px"))
        .add_xaxis(v1)
        .add_yaxis("人口数（亿人）",
                v2,
                is_smooth=True,
                is_selected=True,
                linestyle_opts=opts.LineStyleOpts(width=6),
                markpoint_opts=opts.MarkPointOpts(
                    data=[opts.MarkPointItem(type_="max", name="最大值"),
                    opts.MarkPointItem(type_="min", name="最小值")])
                )  #is_smooth 默认是 False，即折线；is_selected 默认是 False，即不选中
        .set_global_opts(
            title_opts=opts.TitleOpts(title="2010 年至 2022 年我国年末总人口趋势分析",
                title_textstyle_opts=opts.TextStyleOpts(font_size=20)),
            legend_opts=opts.LegendOpts(is_show=False,item_width=40,
                item_height=20,textstyle_opts=opts.TextStyleOpts(font_size=16),
                pos_right='center',legend_icon='circle'),
            yaxis_opts=opts.AxisOpts(
                type_="value",
                min_=13,         #设置纵轴起始刻度，固定值
                axistick_opts=opts.AxisTickOpts(is_show=True),
                splitline_opts=opts.SplitLineOpts(is_show=True),
                axislabel_opts=opts.LabelOpts(font_size = 16)
                ),
            xaxis_opts=opts.AxisOpts(
                type_="category",
                boundary_gap=False,
                axispointer_opts=opts.AxisPointerOpts(is_show=True,
```

```
type_="shadow"),
                    axislabel_opts=opts.LabelOpts(font_size = 16))
            )
            .set_series_opts(label_opts=opts.LabelOpts(font_size = 16))
        )
        return c
#第一次渲染时调用 load_javascript 文件
line_toolbox().load_javascript()
#展示数据可视化图表
line_toolbox().render_notebook()
```

在JupyterLab中运行上述代码，生成如图12-1所示的折线图。

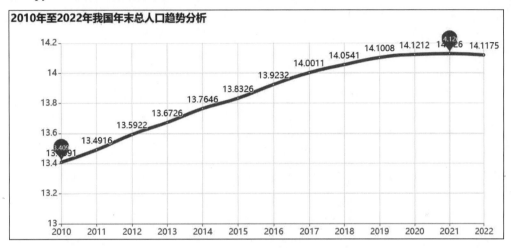

图 12-1　人口总数走势

从图12-1可以看出，近13年来，我国人口总数基本呈现直线上升趋势，但是在2022年出现小幅下降。

12.1.2　人口男女性别分析

为了分析人口的男女性别比，我们绘制最近13年男女性别比的折线图，其中横轴是年份，纵轴是男女性别比，代码如下：

```
#声明 Notebook 类型，必须在引入 pyecharts.charts 等模块前声明
from pyecharts.globals import CurrentConfig, NotebookType
CurrentConfig.NOTEBOOK_TYPE = NotebookType.JUPYTER_LAB

import pymysql
from pyecharts import options as opts
from pyecharts.charts import Line, Page

#连接 MySQL 数据库
conn = pymysql.connect(host='127.0.0.1',port=3306,user='root',password='root',
```

```
                db='people',charset='utf8')
cursor = conn.cursor()
sql_num = "SELECT 年份,round((100*男性/女性),2) FROM people_total where 年份>=
        2010 order by 年份 asc"
cursor.execute(sql_num)
sh = cursor.fetchall()
v1 = []
v2 = []
for s in sh:
    v1.append(s[0])
    v2.append(s[1])

#绘制折线图
def line_toolbox() -> Line:
    c = (
        Line(init_opts=opts.InitOpts(width="1024px", height="468px"))
        .add_xaxis(v1)
        .add_yaxis("男女性别比",
                v2,
                is_smooth=True,
                is_selected=True,
                linestyle_opts=opts.LineStyleOpts(width=6),
                markpoint_opts=opts.MarkPointOpts(
                  data=[opts.MarkPointItem(type_="max", name="最大值"),
                  opts.MarkPointItem(type_="min", name="最小值")]
                  )
              ) #is_smooth 默认是 False，即折线；is_selected 默认是 False，即不选中
        .set_global_opts(
            title_opts=opts.TitleOpts(title="2010 年至 2022 年我国男女性别比分析",
                    title_textstyle_opts=opts.TextStyleOpts(font_size=20)),
            toolbox_opts=opts.ToolboxOpts(),
            legend_opts=opts.LegendOpts(is_show=True,item_width=40,
                item_height=20,textstyle_opts=opts.TextStyleOpts(font_size=16),
                pos_right='center',legend_icon='triangle'),
            yaxis_opts=opts.AxisOpts(
                type_="value",
                min_=104,        #设置纵轴起始刻度，固定值
                axistick_opts=opts.AxisTickOpts(is_show=True),
                splitline_opts=opts.SplitLineOpts(is_show=True),
                axislabel_opts=opts.LabelOpts(font_size = 16)
                ),
            xaxis_opts=opts.AxisOpts(
                type_="category",
                boundary_gap=False,
```

```
                    axispointer_opts=opts.AxisPointerOpts(is_show=True, type_="shadow"),
                    axislabel_opts=opts.LabelOpts(font_size = 16)
                )
            )
        .set_series_opts(label_opts=opts.LabelOpts(font_size = 15))
    )
    return c
#第一次渲染时调用 load_javascript 文件
line_toolbox().load_javascript()
#展示数据可视化图表
line_toolbox().render_notebook()
```

在JupyterLab中运行上述代码，生成如图12-2所示的折线图。

图 12-2　男女性别比

从图12-2可以看出，近13年来，我国人口的男女性别比基本呈现波动下降趋势，但是在2020年出现小幅上升，随后再次出现下降。

12.1.3　人口年龄结构分析

年龄结构是指不同年龄群体的人口比例，通常按照年龄段分组来衡量。随着全球人口增长率的下降，全球年龄结构的变化趋势表现为人口老龄化。人口老龄化是指65岁以上的老年人口比例增加的现象。根据联合国的数据，到2050年，全球65岁以上的老年人口将占总人口的16%，而到2200年，这一比例将达到25%。

随着人口老龄化趋势的加剧，全球儿童和年轻人口比例的下降也是一个显著的趋势。根据联合国的数据，到2050年，全球年龄在0～14岁的儿童和青少年人口将占总人口的18%，而到2200年，这一比例将下降到15%。

为了分析人口的年龄结构，我们绘制0～14岁、15～64岁、65岁及以上三个年龄段的散点图，其中横轴是年份，纵轴是不同年龄段的人口数，代码如下：

```
#声明 Notebook 类型，必须在引入 pyecharts.charts 等模块前声明
```

```
from pyecharts.globals import CurrentConfig, NotebookType
CurrentConfig.NOTEBOOK_TYPE = NotebookType.JUPYTER_LAB

import pymysql
from pyecharts import options as opts
from pyecharts.charts import Scatter, Page

#连接 MySQL 数据库
conn = pymysql.connect(host='127.0.0.1',port=3306,user='root',
password='root',db='people',charset='utf8')
cursor = conn.cursor()
sql_num = "SELECT 年份,ROUND('0-14 岁'/10000,2),ROUND('15-64 岁'/10000,2),
          ROUND('65 岁及以上'/10000,2)  FROM age_structure where 年份>=
          2010  order by 年份 asc"
cursor.execute(sql_num)
sh = cursor.fetchall()
v1 = []
v2 = []
v3 = []
v4 = []
for s in sh:
    v1.append(s[0])
    v2.append(s[1])
    v3.append(s[2])
    v4.append(s[3])

#绘制散点图
def scatter_splitline() -> Scatter:
    c = (
        Scatter()
        .add_xaxis(v1)
        .add_yaxis("0~14 岁", v2,label_opts=opts.LabelOpts(is_show=False),
               markpoint_opts=opts.MarkPointOpts(
                   data=[opts.MarkPointItem(type_="max", name="最大值"),
                   opts.MarkPointItem(type_="min", name="最小值")]
                   ),
               )
        .add_yaxis("15~64 岁", v3,label_opts=opts.LabelOpts(is_show=False),
               markpoint_opts=opts.MarkPointOpts(
                   data=[opts.MarkPointItem(type_="max", name="最大值"),
                   opts.MarkPointItem(type_="min", name="最小值")]
                   ),
               )
        .add_yaxis("65 岁及以上", v4,label_opts=opts.LabelOpts(is_show=False),
               markpoint_opts=opts.MarkPointOpts(
```

```
                        data=[opts.MarkPointItem(type_="max", name="最大值"),
                            opts.MarkPointItem(type_="min", name="最小值")]
                        ),
                    )
            .set_global_opts(
                title_opts=opts.TitleOpts(title="2010至2022年我国人口年龄结构分析",
                            title_textstyle_opts=opts.TextStyleOpts(font_size=20)),
                xaxis_opts=opts.AxisOpts(type_="category",boundary_gap=False,
                            axistick_opts=opts.AxisTickOpts(is_show=True),
                            splitline_opts=opts.SplitLineOpts(is_show=True),
                            axislabel_opts=opts.LabelOpts(font_size = 16)
                    ),
                yaxis_opts=opts.AxisOpts(type_="value",min_=0.5,
                            axistick_opts=opts.AxisTickOpts(is_show=True),
                            splitline_opts=opts.SplitLineOpts(is_show=True),
                            axislabel_opts=opts.LabelOpts(font_size = 16)
                            ),
                toolbox_opts=opts.ToolboxOpts(),
                legend_opts=opts.LegendOpts(is_show=True,item_width=40,
                    item_height=20,textstyle_opts=opts.TextStyleOpts(font_size=16),
                    pos_right='180', legend_icon='diamond')
            )
        )
    return c
#第一次渲染时调用load_javascript文件
scatter_splitline().load_javascript()
#展示数据可视化图表
scatter_splitline().render_notebook()
```

在JupyterLab中运行上述代码，生成如图12-3所示的散点图。

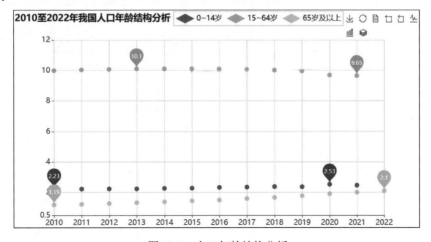

图 12-3　人口年龄结构分析

从图12-3可以看出，近13年来，我国0~14岁人口的数量呈现先上升后下降的趋势，15~64岁人口的数量呈现先上升后下降的趋势，65岁及以上人口的数量呈现上升趋势。

12.2 人口增长率数据分析

人口增长率如何分析，本节给出了具体的分析方法。

12.2.1 人口增长率趋势分析

人口增长率是指人口数量在一定时间内的增长速度，通常以年为单位进行衡量。全球人口增长率在过去几十年中有所变化。在20世纪上半叶，全球人口增长率一直相对较低，主要原因是出生率和死亡率都相对较高，而且经济和医疗条件也比较落后。直到二战结束后，全球人口增长率才开始加速。在20世纪60年代和70年代，全球人口增长率迅速增加，主要是由于医学技术的进步和经济发展的加速，导致死亡率降低，生育率仍然相对较高。到了21世纪初，全球人口增长率的趋势开始放缓，原因是全球生育率的下降，特别是在一些亚洲和欧洲国家。也有一些非洲国家的生育率仍然较高，导致该地区的人口增长率仍然相对较高。

出生率是指每年每千人口的新生儿数量。出生率取决于许多因素，包括文化、教育、经济、政治和医疗条件等。例如，一些发展中国家的出生率相对较高，这可能是由于缺乏计划生育政策、教育程度低、女性地位低下和贫困等因素导致的。而一些发达国家的出生率较低，这可能是由于较高的经济水平、女性参与工作率的提高和计划生育政策的实施等因素导致的。

死亡率是指每年每千人口的死亡人数。死亡率取决于许多因素，包括医疗条件、疾病控制和预防、环境和卫生状况等。随着医疗技术和卫生条件的改善，以及疾病控制和预防的加强，许多国家的死亡率已经下降。

出生率和死亡率是影响全球人口现状和人口问题的两个最重要的自然因素。尽管全球出生率和死亡率已经在过去几十年中发生了显著的变化，但这两个因素仍然是未来全球人口增长和结构变化的关键因素。

为了研究我国人口出生率、死亡率和自然增长率三者之间的关系，我们绘制三个变量的散点图，其中横轴是年份，纵轴是人口出生率、死亡率和自然增长率，代码如下：

```
#声明 Notebook 类型，必须在引入 pyecharts.charts 等模块前声明
from pyecharts.globals import CurrentConfig, NotebookType
CurrentConfig.NOTEBOOK_TYPE = NotebookType.JUPYTER_LAB

import pymysql
from pyecharts import options as opts
from pyecharts.charts import Scatter, Page

#连接 MySQL 数据库
conn = pymysql.connect(host='127.0.0.1',port=3306,user='root',password='root',
                       db='people',charset='utf8')
```

```
cursor = conn.cursor()
sql_num = "SELECT 年份,出生率,死亡率,自然增长率 FROM birth_rate where 年份>=
          2010 order by 年份 asc"
cursor.execute(sql_num)
sh = cursor.fetchall()
v1 = []
v2 = []
v3 = []
v4 = []
for s in sh:
    v1.append(s[0])
    v2.append(s[1])
    v3.append(s[2])
    v4.append(s[3])

#绘制散点图
def scatter_splitline() -> Scatter:
    c = (
        Scatter()
        .add_xaxis(v1)
        .add_yaxis("出生率", v2,label_opts=opts.LabelOpts(is_show=False),
                markpoint_opts=opts.MarkPointOpts(
                    data=[opts.MarkPointItem(type_="max", name="最大值"),
                    opts.MarkPointItem(type_="min", name="最小值")]
                    ),
                )
        .add_yaxis("死亡率", v3,label_opts=opts.LabelOpts(is_show=False),
                markpoint_opts=opts.MarkPointOpts(
                    data=[opts.MarkPointItem(type_="max", name="最大值"),
                    opts.MarkPointItem(type_="min", name="最小值")]
                    ),
                )
            .add_yaxis("自然增长率", v4,label_opts= opts.LabelOpts(is_show=False),
                markpoint_opts=opts.MarkPointOpts(
                    data=[opts.MarkPointItem(type_="max", name="最大值"),
                    opts.MarkPointItem(type_="min", name="最小值")]
                    ),
                )
        .set_global_opts(
            title_opts=opts.TitleOpts(title="2010 年至 2022 年我国人口增长率分析",
                    title_textstyle_opts=opts.TextStyleOpts(font_size=20)),
            xaxis_opts=opts.AxisOpts(type_="category",boundary_gap=False,
                        axistick_opts=opts.AxisTickOpts(is_show=True),
                        splitline_opts=opts.SplitLineOpts(is_show=True),
```

```
                                   axislabel_opts=opts.LabelOpts(font_size = 16)
            ),
         yaxis_opts=opts.AxisOpts(type_="value",min_=-1.0,
                              axistick_opts=opts.AxisTickOpts(is_show=True),
                              splitline_opts=opts.SplitLineOpts(is_show=True),
                              axislabel_opts=opts.LabelOpts(font_size = 16)
                              ),
         toolbox_opts=opts.ToolboxOpts(),
         legend_opts=opts.LegendOpts(is_show=True,item_width=40,
             item_height=20,textstyle_opts=opts.TextStyleOpts(font_size=16),
             pos_right='220', legend_icon='pin')
      )
   )
   return c
#第一次渲染时调用 load_javasrcript 文件
scatter_splitline().load_javascript()
#展示数据可视化图表
scatter_splitline().render_notebook()
```

在JupyterLab中运行上述代码，生成如图12-4所示的散点图。

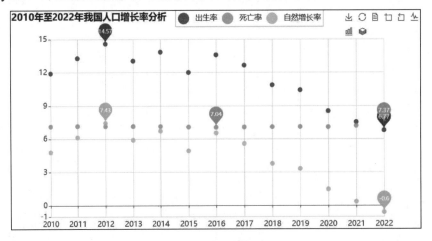

图 12-4　人口增长率

从图12-4可以看出，人口出生率和自然增长率两个变量基本呈现相同的走势。

12.2.2　人口增长率相关分析

为了深入研究我国人口出生率、死亡率和自然增长率三者之间的相关关系，我们绘制三者的相关系数热力图，其中横轴和纵轴均是人口出生率、死亡率和自然增长率，颜色的深浅表示相关系数的大小，代码如下：

```
import pymysql
import pandas as pd
```

```
import seaborn as sns
import matplotlib.pyplot as plt
plt.rcParams['font.sans-serif'] = ['SimHei']      #显示中文
plt.rcParams['axes.unicode_minus']=False          #正常显示负号

#连接 MySQL 数据库，读取订单表数据
conn = pymysql.connect(host='127.0.0.1',port=3306,user='root',password='root',
       db='people',charset='utf8')
sql = "SELECT 年份 as year,出生率 as birth_rate,死亡率 as death_rate,
       自然增长率 as natural_rate FROM birth_rate where 年份>=2010"
df = pd.read_sql(sql,conn)

#计算皮尔逊相关系数
corr = df[['birth_rate','death_rate','natural_rate']].corr()
print(corr)

#绘制相关系数热力图
plt.figure(figsize=[12,7])   #指定图片大小
#annot=True 表示在方格内显示数值
sns.heatmap(corr,annot=True, fmt='.4f',square=True,cmap='Pastel1_r',
            linewidths=1.0, annot_kws={'size':14,'weight':'bold',
            'color':'blue'})
sns.set_context("notebook", font_scale=1.8, rc={"lines.linewidth": 1.8})
sns.set_style('ticks')            #设置图形风格为 ticks
```

在JupyterLab中运行上述代码，生成如图12-5所示的散点矩阵图。

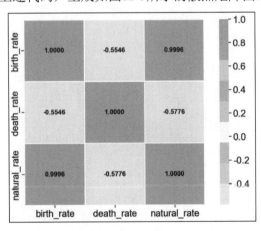

图 12-5　人口增长率相关分析

从图12-5可以看出，出生率与自然增长率的相关系数达到0.9996，两者呈现高度正相关，出生率与死亡率呈现中度的负相关，死亡率与自然增长率也呈现负相关。

12.2.3　人口增长率回归分析

为了深入分析最近13年我国人口出生率与自然增长率之间的函数关系，我们对其进行线性

回归分析，其中横轴是人口出生率，纵轴是自然增长率，代码如下：

```python
import pymysql
import pandas as pd
import seaborn as sns
import matplotlib.pyplot as plt

plt.figure(figsize=[12,7])          #指定图片大小
sns.set_style('darkgrid')           #设置图形风格为darkgrid

#连接MySQL数据库，读取订单表数据
conn = pymysql.connect(host='127.0.0.1',port=3306,user='root',password='root',
                       db='people',charset='utf8')
sql = "SELECT 年份 as year,出生率 as birth_rate,死亡率 as death_rate,
    自然增长率 as natural_rate FROM birth_rate where 年份>=2010"
df = pd.read_sql(sql,conn)

#绘制线性回归图
sns.regplot(x=df['birth_rate'],y=df['natural_rate'],data=df)
sns.set_context("notebook", font_scale=1.8, rc={"lines.linewidth": 1.8})

#设置x轴的刻度
plt.xlim(6.0,15.0)
```

在JupyterLab中运行上述代码，生成如图12-6所示的线性回归图。

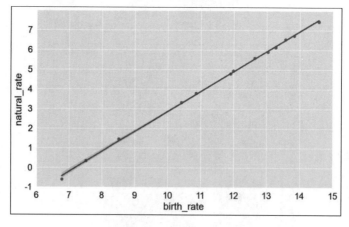

图 12-6 线性回归图

从图12-6可以看出，各个点基本位于回归线附近。

为了检验上述回归模型的优劣，我们绘制线性回归模型的残差散点图，其中横轴是人口出生率，纵轴是残差，代码如下：

```python
import pymysql
import pandas as pd
import seaborn as sns
import matplotlib.pyplot as plt
```

```
plt.figure(figsize=[12,7])              #指定图片大小
sns.set_style('darkgrid')               #设置图形风格为 darkgrid

#连接 MySQL 数据库，读取订单表数据
conn = pymysql.connect(host='127.0.0.1',port=3306,user='root',password='root',
db='people',charset='utf8')
sql = "SELECT 年份 as year,出生率 as birth_rate,死亡率 as death_rate,自然增长率 as
natural_rate FROM birth_rate where 年份>=2010"
df = pd.read_sql(sql,conn)

#绘制线性回归残差图
sns.residplot(x=df['birth_rate'],y=df['natural_rate'],data=df)
sns.set_context("notebook", font_scale=1.8, rc={"lines.linewidth": 1.8})
plt.ylabel('residual')
```

在JupyterLab中运行上述代码，生成如图12-7所示的残差图。

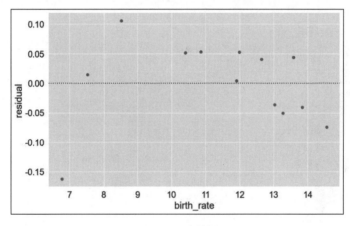

图 12-7　残差图

从图12-7可以看出，回归模型的残差基本在-0.4～0.4，回归模型效果比较好。

12.3　人口抚养比数据分析

如何分析人口抚养比的趋势，本节给出具体的分析方法。

12.3.1　人口抚养比趋势分析

为了分析我国人口抚养比的趋势，绘制少儿抚养比、老年抚养比、总抚养比三个变量的散点图，其中横轴是年份，纵轴是少儿抚养比、老年抚养比、总抚养比，代码如下：

```
#声明 Notebook 类型，必须在引入 pyecharts.charts 等模块前声明
from pyecharts.globals import CurrentConfig, NotebookType
```

```
CurrentConfig.NOTEBOOK_TYPE = NotebookType.JUPYTER_LAB

import pymysql
from pyecharts import options as opts
from pyecharts.charts import Scatter, Page

#连接MySQL数据库
conn = pymysql.connect(host='127.0.0.1',port=3306,user='root',password='root',
    db='people',charset='utf8')
cursor = conn.cursor()
sql_num = "SELECT 年份,少儿抚养比,老年抚养比,总抚养比 FROM age_structure where 年份>=
        2010 order by 年份 asc"
cursor.execute(sql_num)
sh = cursor.fetchall()
v1 = []
v2 = []
v3 = []
v4 = []
for s in sh:
    v1.append(s[0])
    v2.append(s[1])
    v3.append(s[2])
    v4.append(s[3])

#绘制散点图
def scatter_splitline() -> Scatter:
    c = (
        Scatter()
        .add_xaxis(v1)
        .add_yaxis("少儿抚养比", v2,label_opts=opts.LabelOpts(is_show=False),
                markpoint_opts=opts.MarkPointOpts(
                    data=[opts.MarkPointItem(type_="max", name="最大值"),
                    opts.MarkPointItem(type_="min", name="最小值")]
                    ),
                )
        .add_yaxis("老年抚养比", v3,label_opts=opts.LabelOpts(is_show=False),
                markpoint_opts=opts.MarkPointOpts(
                    data=[opts.MarkPointItem(type_="max", name="最大值"),
                    opts.MarkPointItem(type_="min", name="最小值")]
                    ),
                )
            .add_yaxis("总抚养比", v4,label_opts=opts.LabelOpts (is_show=False),
                markpoint_opts=opts.MarkPointOpts(
                    data=[opts.MarkPointItem(type_="max", name="最大值"),
                    opts.MarkPointItem(type_="min", name="最小值")]
```

```
                    ),
                )
        .set_global_opts(
            title_opts=opts.TitleOpts(title="2010 年至 2022 年人口抚养比分析",
                        title_textstyle_opts=opts.TextStyleOpts(font_size=20)),
            xaxis_opts=opts.AxisOpts(type_="category",boundary_gap=False,
                            axistick_opts=opts.AxisTickOpts(is_show=True),
                            splitline_opts=opts.SplitLineOpts (is_show=True),
                            axislabel_opts=opts.LabelOpts(font_size = 16)
                ),
            yaxis_opts=opts.AxisOpts(type_="value",min_=4,
                            axistick_opts=opts.AxisTickOpts(is_show=True),
                            splitline_opts=opts.SplitLineOpts(is_show=True),
                            axislabel_opts=opts.LabelOpts(font_size = 16)
                            ),
            toolbox_opts=opts.ToolboxOpts(),
            legend_opts=opts.LegendOpts(is_show=True,item_width=35,
                item_height=20, textstyle_opts=opts.TextStyleOpts(font_size=16),
                pos_right='190',legend_icon='arrow')
        )
    )
    return c
#第一次渲染时调用 load_javascript 文件
scatter_splitline().load_javascript()
#展示数据可视化图表
scatter_splitline().render_notebook()
```

在JupyterLab中运行上述代码，生成如图12-8所示的图。

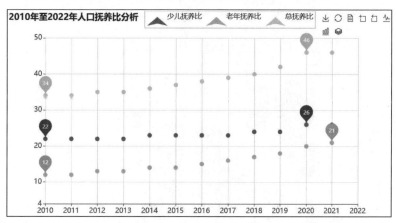

图 12-8　人口抚养比

从图12-8可以看出，在最近的13年中，少儿抚养比、老年抚养比和总抚养比都呈现上升趋势，其中老年抚养比从2010年的12上升到2021年的21，上升幅度达到75%。

12.3.2 人口抚养比相关分析

为了研究我国人口的少儿抚养比、老年抚养比和总抚养比三者之间的相关关系,我们绘制三者的相关系数热力图,其中横轴和纵轴均是少儿抚养比、老年抚养比和总抚养比,颜色的深浅表示相关系数的大小,代码如下:

```python
import pymysql
import pandas as pd
import seaborn as sns
import matplotlib.pyplot as plt
plt.rcParams['font.sans-serif'] = ['SimHei']          #显示中文
plt.rcParams['axes.unicode_minus']=False              #正常显示负号

plt.figure(figsize=[12,7])                            # 指定图片大小
sns.set_style('ticks')                                #设置图形风格为 ticks

#连接 MySQL 数据库,读取订单表数据
conn = pymysql.connect(host='127.0.0.1',port=3306,user='root',password='root',
       db='people',charset='utf8')
sql = "SELECT 年份 as year,少儿抚养比 as child_ratio,老年抚养比 as old_ratio,
       总抚养比 as total_ratio FROM age_structure where 年份>=2010"
df = pd.read_sql(sql,conn)

#计算皮尔逊相关系数
corr = df[['child_ratio','old_ratio','total_ratio']].corr()
print(corr)

#绘制相关系数热力图
plt.figure(figsize=[12,7])      #指定图片大小
sns.heatmap(corr,annot=True, fmt='.4f',square=True,cmap='Pastel1_r',
       linewidths=1.0, annot_kws={'size':14,'weight':'bold', 'color':'blue'})
sns.set_context("notebook", font_scale=1.8, rc={"lines.linewidth": 1.8})
```

在JupyterLab中运行上述代码,生成如图12-9所示的图。

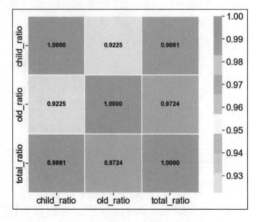

图 12-9   相关系数热力图

从图12-9可以看出，少儿抚养比与总抚养比的相关系数是0.9861，老年抚养比与总抚养比的相关系数是0.9724，少儿抚养比与老年抚养比的相关系数是0.9225，均呈现高度相关。

12.3.3　人口抚养比回归分析

为了深入分析我国最近13年人口的少儿抚养比与总抚养比之间的关系，我们对其进行线性回归分析，其中横轴是少儿抚养比，纵轴是总抚养比，代码如下：

```python
import pymysql
import pandas as pd
import seaborn as sns
import matplotlib.pyplot as plt

plt.figure(figsize=[12,7])              #指定图片大小
sns.set_style('darkgrid')              #设置图形风格为 darkgrid

#连接 MySQL 数据库，读取订单表数据
conn = pymysql.connect(host='127.0.0.1',port=3306,user='root',password='root',
                       db='people',charset='utf8')
sql = "SELECT 年份 as year,少儿抚养比 as child_ratio,老年抚养比 as old_ratio,
        总抚养比 as total_ratio FROM age_structure where 年份>=2010"
df = pd.read_sql(sql,conn)

#绘制线性回归图
sns.regplot(x=df['child_ratio'],y=df['total_ratio'],data=df)
sns.set_context("notebook", font_scale=1.8, rc={"lines.linewidth": 1.8})

#设置 x 轴的刻度
plt.xlim(20.0,26.0)
#设置 y 轴的刻度
plt.ylim(20.0,50.0)
```

在JupyterLab中运行上述代码，生成如图12-10所示的线性回归图。

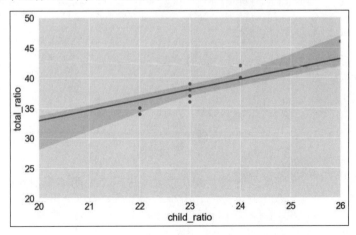

图 12-10　线性回归图

从图12-10可以看出，有部分点离回归线较远，说明回归模型效果一般。

为了检验上述回归模型的优劣，我们绘制线性回归模型的残差散点图，其中横轴是少儿抚养比，纵轴是残差，代码如下：

```python
#导入相关库
import pymysql
import pandas as pd
import seaborn as sns
import matplotlib.pyplot as plt

plt.figure(figsize=[12,7])              #指定图片大小
sns.set_style('darkgrid')              #设置图形风格为darkgrid

#连接 MySQL 数据库，读取订单表数据
conn = pymysql.connect(host='127.0.0.1',port=3306,user='root',password='root',
        db='people',charset='utf8')
sql = "SELECT 年份 as year,少儿抚养比 as child_ratio,老年抚养比 as old_ratio,
        总抚养比 as total_ratio FROM age_structure where 年份>=2010 and 少儿抚养比>0"
df = pd.read_sql(sql,conn)

#绘制线性回归残差图
sns.residplot(x=df['child_ratio'],y=df['total_ratio'],data=df)
sns.set_context("notebook", font_scale=1.8, rc={"lines.linewidth": 1.8})
plt.ylabel('residual')
```

在JupyterLab中运行上述代码，生成如图12-11所示的图。

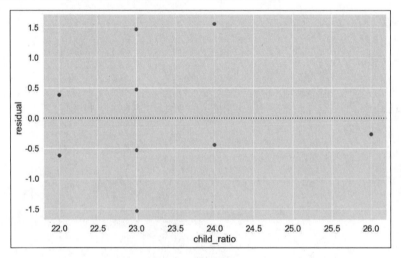

图 12-11　残差图

从图12-11可以看出，回归模型的残差波动较大，进一步说明该模型效果一般。

12.4 案例小结

2022年年末，全国人口为141175万人，比2021年减少85万人；全年出生人口为956万人，比2021年减少106万人；死亡人口为1041万人，比2021年增加27万人。人口出生率为6.77‰，比2021年下降0.75个千分点；人口死亡率为7.37‰，比2021年上升0.19个千分点；人口自然增长率为-0.60‰，比2021年下降0.94个千分点。

2022年我国人口总量略有下降主要是由于出生人口减少。一是因为育龄妇女持续减少。2022年，我国15～49岁育龄妇女人数比2021年减少400多万人，其中21～35岁生育旺盛期育龄妇女减少近500万人。二是因为生育水平继续下降。受生育观念变化、婚育推迟等多方面因素影响，2022年育龄妇女生育水平继续下降。

2022年年末，全国0～15岁人口为25615万人，占全国人口的18.1%；16～59岁劳动年龄人口为87556万人，占全国人口的62.0%；60岁及以上人口为28004万人，占全国人口的19.8%，其中65岁及以上人口为20978万人，占全国人口的14.9%。与2021年相比，16～59岁劳动年龄人口减少666万人，比重下降0.4个百分点；60岁及以上人口增加1268万人，比重上升0.9个百分点，其中65岁及以上人口增加922万人，比重上升0.7个百分点。

虽然2022年人口总量略有下降，但我国仍有14亿多人口，人口规模优势和超大规模市场优势将长期存在；劳动年龄人口近9亿，劳动力资源依然丰富。与此同时，我国劳动年龄人口受教育程度持续提升，人才红利逐步显现。2022年，我国16～59岁劳动年龄人口平均受教育年限达到10.93年，比2021年提高0.11年，比2020年提高0.18年。人口素质的不断提高将有力支撑经济发展方式转变、产业结构升级、全要素生产率提高，推动人口和经济社会持续协调、健康地发展。

第 **13** 章

案例3：网络平台商品评论
可视化分析

  互联网是一个信息共享平台，各大网购平台拥有着巨量的消费者购买评论数据。这些数据逐渐成为消费者制订购买决策的依据以及制造商升级产品的重要参考。但是，如何在浩瀚的文本评论数据中挖掘到有价值、有参考的信息成为新的挑战。

  之前的项目，我们介绍的都是具体的数据分析，实际工作中经常会遇到需要对大量文本进行分析，本项目案例以京东商品评论的可视化分析为例介绍文本分析的方法。

13.1   项目案例背景

  在京东等网络平台上购物，逐渐成为大众化的购物方式。但假冒伪劣产品在这个摸不着实物的购物平台严重危害着消费者的购物体验，即使可以通过七天无理由退货退款来维护消费者的合法权益，但是这样会浪费大量的人力和财力。我们希望能够一次性通过网络购买到心怡的商品，其实可以在购买商品之前在对应商品店铺下查看以往买家的购物体验和商品评价，通过商品评价判断该商品是否值得购买。

  因此，收集商品评论及销量数据以及对各种商品及用户的消费场景进行分析成为必不可少的环节。如果没有这些数据，读者也可以使用爬虫技术来获取。网络爬虫是人为编写的程序或脚本，是重复的人工操作的替代品，可以实现快捷自动定时地访问，保存网页源信息以进行后续筛选。网络爬虫普遍应用于信息门户网站与数据网站，使用一定的筛选规则即可获得所需的网站信息。

  本例利用Python爬取京东上华为手机的部分商品评论数据，包括评论ID、评论时间、评论内容、用户昵称、商品颜色、商品尺寸、商品得分等数据，并将爬取的手机评论数据存储到本地MySQL数据库中。

然后，通过前面介绍的方法来进行具体的分析和可视化。

13.2　商品评论总体分析

本节先对月度商品、不同尺寸和不同颜色的商品进行分析。

13.2.1　月度商品评论数及得分分析

为了比较分析月度商品的评论数和评论得分，绘制其柱形图与折线图的组合图，Python代码如下：

```
#声明 Notebook 类型，必须在引入 pyecharts.charts 等模块前声明
from pyecharts.globals import CurrentConfig, NotebookType
CurrentConfig.NOTEBOOK_TYPE = NotebookType.JUPYTER_LAB


import pymysql
from pyecharts import options as opts
from pyecharts.charts import Scatter,Bar,Line


#连接 MySQL 数据库
conn = pymysql.connect(host='127.0.0.1',port=3306,user='root',password='root',
        db='jd',charset='utf8')
cursor = conn.cursor()


#读取 MySQL 表数据
sql_num = "SELECT date_format(评论时间,'%Y-%m') as Date,count(评论 ID),
            round(avg(商品得分),2) FROM comment group by Date order by Date asc"
cursor.execute(sql_num)
sh = cursor.fetchall()
v1 = []
v2 = []
v3 = []
for s in sh:
    v1.append(s[0])
    v2.append(s[1])
    v3.append(s[2])


#柱形图与折线图组合
def overlap_bar_line() -> Bar:
```

```
    bar = (
        Bar()
        .add_xaxis(v1)
        .add_yaxis("评论数", v2)
        .extend_axis(
            yaxis=opts.AxisOpts(name='评论得分',name_textstyle_opts=
                opts.TextStyleOpts(color='red',font_size=20),
                axislabel_opts=opts.LabelOpts(formatter="{value}",font_size=15),
                        interval=1.0,name_location = "middle"
            )
        )
        .set_series_opts(label_opts=opts.LabelOpts(is_show=False,position='top',
                    color='black',font_size=15,rotate=45))
        .set_global_opts(
            title_opts=opts.TitleOpts(title="月度评论数及得分分析"),
            toolbox_opts=opts.ToolboxOpts(),
            xaxis_opts=opts.AxisOpts(axislabel_opts=opts.LabelOpts (font_size=15,
                    rotate=45)),
            yaxis_opts=opts.AxisOpts(
                axislabel_opts=opts.LabelOpts(formatter="{value}",font_size=15),
                        interval=30.0,name_location = "middle",
                name='评论数',name_textstyle_opts=opts.TextStyleOpts(color='red',
                        font_size=20)
            )
        )
        .set_series_opts(label_opts=opts.LabelOpts(position='top',color='black',
                    font_size=15))
    )
    line = Line().add_xaxis(v1).add_yaxis("评论得分", v3, yaxis_index=1.0,
            symbol_size=20,label_opts=opts.LabelOpts(position='top',
            color='black',font_size=15))
    bar.overlap(line)
    return bar

#第一次渲染时调用load_javasrcript 文件
overlap_bar_line().load_javascript()
#展示数据可视化图表
overlap_bar_line().render_notebook()
```

在JupyterLab中运行上述代码，生成如图13-1所示的组合图。

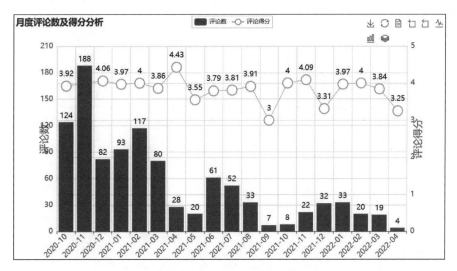

图 13-1　月度评论数及得分分析

从图13-1可以看出，用户评论数随月份基本呈现下降的趋势，但是每月评论得分的均值却呈现小幅波动走势。

13.2.2　不同尺寸的商品评论数及得分分析

为了比较分析不同尺寸的手机的评论数和评论得分，绘制了其柱形图与折线图的组合图，Python代码如下：

```
#声明 Notebook 类型，必须在引入 pyecharts.charts 等模块前声明
from pyecharts.globals import CurrentConfig, NotebookType
CurrentConfig.NOTEBOOK_TYPE = NotebookType.JUPYTER_LAB


import pymysql
from pyecharts import options as opts
from pyecharts.charts import Scatter,Bar,Line


#连接 MySQL 数据库
conn =
pymysql.connect(host='127.0.0.1',port=3306,user='root',password='root',db='jd',cha
rset='utf8')
cursor = conn.cursor()


#读取 MySQL 表数据
sql_num = "SELECT 商品尺寸,count(评论 ID),round(avg(商品得分),2) FROM comment GROUP
BY 商品尺寸"
cursor.execute(sql_num)
sh = cursor.fetchall()
v1 = []
v2 = []
```

```python
v3 = []
for s in sh:
    v1.append(s[0])
    v2.append(s[1])
    v3.append(s[2])

#柱形图与折线图组合
def overlap_bar_line() -> Bar:
    bar = (
        Bar()
        .add_xaxis(v1)
        .add_yaxis("评论数", v2)
        .extend_axis(
            yaxis=opts.AxisOpts(name='评论得分',name_textstyle_opts=
                                opts.TextStyleOpts(color='red',font_size=20),
                axislabel_opts=opts.LabelOpts(formatter="{value}",font_size=15),
                                interval=1.0,name_location = "middle"
            )
        )
        .set_series_opts(label_opts=opts.LabelOpts(is_show=False,position='top',
                        color='black',font_size=15,rotate=45))
        .set_global_opts(
            title_opts=opts.TitleOpts(title="不同尺寸商品评论数及得分分析"),
            toolbox_opts=opts.ToolboxOpts(),
            xaxis_opts=opts.AxisOpts(axislabel_opts=opts.LabelOpts(font_size=15)),
            yaxis_opts=opts.AxisOpts(
                axislabel_opts=opts.LabelOpts(formatter="{value}",font_size=15),
                interval=300.0,name_location = "middle", name='评论数',
                name_textstyle_opts=opts.TextStyleOpts(color='red', font_size=20)
            )
        )
        .set_series_opts(label_opts=opts.LabelOpts(position='top',color='black',
                        font_size=15))
    )
    line = Line().add_xaxis(v1).add_yaxis("评论得分", v3, yaxis_index=1.0,
            symbol_size=20,label_opts=opts.LabelOpts(position='top',
            color='black',font_size=15))
    bar.overlap(line)
    return bar

#第一次渲染时调用load_javasrcript文件
overlap_bar_line().load_javascript()
#展示数据可视化图表
overlap_bar_line().render_notebook()
```

在JupyterLab中运行上述代码，生成如图13-2所示的组合图。

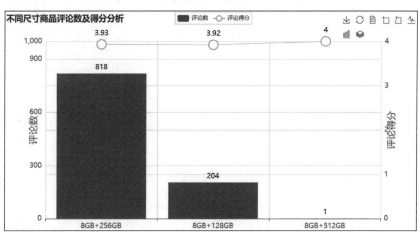

图 13-2　不同尺寸的商品评论数及得分分析

从图13-2中可以看出，8GB+256GB的手机评论数最多，达到818条，且其评论的平均得分也较高，为3.93分。

13.2.3　不同颜色的商品评论数及得分分析

为了比较分析不同颜色的手机的评论数和评分得分，绘制了其柱形图与折线图的组合图，Python代码如下：

```
#声明 Notebook 类型，必须在引入 pyecharts.charts 等模块前声明
from pyecharts.globals import CurrentConfig, NotebookType
CurrentConfig.NOTEBOOK_TYPE = NotebookType.JUPYTER_LAB


import pymysql
from pyecharts import options as opts
from pyecharts.charts import Scatter,Bar,Line


#连接 MySQL 数据库
conn = pymysql.connect(host='127.0.0.1',port=3306,user='root',password='root',
      db='jd',charset='utf8')
cursor = conn.cursor()


#读取 MySQL 表数据
sql_num = "SELECT 商品颜色,count(评论ID),round(avg(商品得分),2)
        FROM comment GROUP BY 商品颜色"
cursor.execute(sql_num)
sh = cursor.fetchall()
v1 = []
v2 = []
v3 = []
```

```python
for s in sh:
    v1.append(s[0])
    v2.append(s[1])
    v3.append(s[2])
#柱形图与折线图组合
def overlap_bar_line() -> Bar:
    bar = (
        Bar()
        .add_xaxis(v1)
        .add_yaxis("评论数", v2)
        .extend_axis(
            yaxis=opts.AxisOpts(name='评论得分',name_textstyle_opts=
                            opts.TextStyleOpts(color='red',font_size=20),
                axislabel_opts=opts.LabelOpts(formatter="{value}",font_size=15),
                            interval=1.0,name_location = "middle"
            )
        )
        .set_series_opts(label_opts=opts.LabelOpts(is_show=False,position='top',
                    color='black',font_size=15,rotate=45))
        .set_global_opts(
            title_opts=opts.TitleOpts(title="不同颜色商品评论数及得分分析"),
            toolbox_opts=opts.ToolboxOpts(),
            xaxis_opts=opts.AxisOpts(axislabel_opts=opts.LabelOpts(font_size=15)),
            yaxis_opts=opts.AxisOpts(
                axislabel_opts=opts.LabelOpts(formatter="{value}",font_size=15),
                            interval=300.0,name_location = "middle",
                name='评论数',name_textstyle_opts=opts.TextStyleOpts(color='red',
                    font_size=20)
            )
        )
        .set_series_opts(label_opts=opts.LabelOpts(position='top',color='black',
                    font_size=15))
    )
    line = Line().add_xaxis(v1).add_yaxis("评论得分", v3, yaxis_index=1.0,
            symbol_size=20,label_opts=opts.LabelOpts(position='top',
            color='black',font_size=15))
    bar.overlap(line)
    return bar
#第一次渲染时调用load_javasrcript文件
overlap_bar_line().load_javascript()
#展示数据可视化图表
overlap_bar_line().render_notebook()
```

在JupyterLab中运行上述代码，生成如图13-3所示的图。

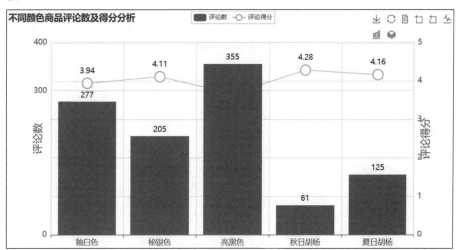

图 13-3　不同颜色商品评论数及得分分析

从图13-3可以看出，亮黑色的手机评论数最多，为355条，其次是釉白色，评论数为277条；手机评论得分最高的是秋日胡杨，为4.28分，其次是夏日胡杨，为4.16分。

13.3　商品评论文本分析

13.3.1　中文 Jieba 分词概述

Python中的Jieba分词作为应用广泛的分词工具之一，其融合了基于词典的分词方法和基于统计的分词方法的优点，在快速地分词的同时，解决了歧义、未登录词等问题。因而Jieba分词是一个很好的分词工具。

Jieba分词工具支持中文简体、中文繁体分词，还支持自定义词库，它支持精确模式、全模式和搜索引擎模式三种分词模式，具体说明如下：

- 精确模式：试图将语句最精确地切分，不存在冗余数据，适合进行文本分析。
- 全模式：将语句中所有可能是词的词语都切分出来，速度很快，但是存在冗余数据。
- 搜索引擎模式：在精确模式的基础上，对长词再次进行切分。

停用词是指在信息检索中，为节省存储空间和提高搜索效率，在处理自然语言数据之前或之后，过滤掉某些字或词，在Jieba库中可以自定义停用词。

13.3.2　商品评论关键词分析

为了比较商品客户评论中的关键词，绘制了主要关键词数量分布的条形图，Python代码如下：

```
#商品用户评价的词云
#声明 Notebook 类型，必须在引入 pyecharts.charts 等模块前声明
from pyecharts.globals import CurrentConfig, NotebookType
CurrentConfig.NOTEBOOK_TYPE = NotebookType.JUPYTER_LAB

import jieba
import pymysql
import pandas as pd
from pyecharts import options as opts
from pyecharts.globals import SymbolType
from pyecharts.charts import Bar, Page

#连接 MySQL 数据库
conn = pymysql.connect(host='127.0.0.1',port=3306,user='root',password='root',
        db='jd',charset='utf8')

#读取 MySQL 表数据
sql_num = "SELECT 评论内容 FROM comment"
data = pd.read_sql(sql_num,conn)
text = str(data['评论内容'])

#读取停用词，创建停用词表
stwlist = [line.strip() for line in open('stop_words.txt',
            encoding= 'utf-8').readlines()]

#文本分词
words = jieba.cut(text,cut_all= False,HMM= True)

#文本清洗
mytext_list=[]
for seg in words:
    if seg not in stwlist and seg!=" " and len(seg)!=1:
        mytext_list.append(seg.replace(" ",""))
cloud_text=",".join(mytext_list)

def word_frequency(txt):
    #统计并返回每个单词出现的次数
    word_list = txt.split(',')
    d = {}
    for word in word_list:
        if word in d:
            d[word] += 1
        else:
            d[word] = 1

    #删除词频小于 2 的关键词
    for key, value in dict(d).items():
        if value < 2:
```

```
            del d[key]
        return d
    #统计词频
    frequency_result = word_frequency(cloud_text)
    #对关键词进行排序
    frequency_result = list(frequency_result.items())
    frequency_result.sort(key = lambda x:x[1],reverse=True)
    sh = frequency_result
    v1 = []
    v2 = []
    for s in sh:
        v1.append(s[0])
        v2.append(s[1])
    #绘制条形图
    def bar_toolbox() -> Bar:
        c = (
            Bar()
            .add_xaxis(v1)
            .add_yaxis("关键词", v2, stack="stack1")
            .set_series_opts(label_opts=opts.LabelOpts(is_show=False))
            .set_global_opts(title_opts=opts.TitleOpts(title="商品评论关键词统计分析"),
                        toolbox_opts=opts.ToolboxOpts(),legend_opts=
                        opts.LegendOpts(is_show=True),
                        xaxis_opts=opts.AxisOpts(name='关键词',
                        name_textstyle_opts=opts.TextStyleOpts(color='red',
                        font_size=20), axislabel_opts=opts.LabelOpts(font_size=15,
                        rotate=45)),
                        yaxis_opts=opts.AxisOpts(name='数量', name_textstyle_opts=
                        opts.TextStyleOpts(color='red',font_size=20),
                        axislabel_opts=opts.LabelOpts (font_size=15,),
                        name_location = "middle")
        )
            .set_series_opts(label_opts=opts.LabelOpts(position='top',color='black',
                        font_size=15))
        )
        return c
    #第一次渲染时调用 load_javasrcript 文件
    bar_toolbox().load_javascript()
    #展示数据可视化图表
    bar_toolbox().render_notebook()
```

在JupyterLab中运行上述代码，生成如图13-4所示的条形图。

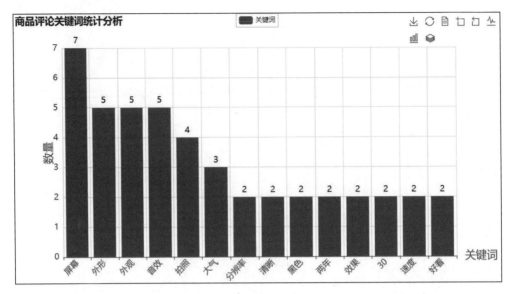

图 13-4　关键词条形图

从图13-4可以看出，排名前5的关键词是屏幕、外形、外观、音效和拍照，说明客户对这些方面是比较关注的。

13.3.3　商品评论关键词词云

为了更加形象地展示商品评论中的关键词，下面使用WordCloud库绘制商品评论的关键词词云，首先使用Jieba分词库对文本进行分词，然后过滤掉不需要和无意义的词汇，并统计词频，最后进行可视化，Python代码如下：

```python
import jieba
import pymysql
import pandas as pd
from imageio import imread
from wordcloud import WordCloud
from matplotlib import pyplot as plt

#连接 MySQL 数据库
conn = pymysql.connect(host='127.0.0.1',port=3306,user='root',password='root',
        db='jd',charset='utf8')

#读取 MySQL 表数据
sql_num = "SELECT 评论内容 FROM comment"
data = pd.read_sql(sql_num,conn)
text = str(data['评论内容'])

#读取停用词，创建停用词表
stwlist = [line.strip() for line in open('stop_words.txt',
        encoding='utf-8').readlines()]

#文本分词
```

```
words = jieba.cut(text,cut_all= False,HMM= True)
#文本清洗
mytext_list=[]
for seg in words:
    if seg not in stwlist and seg!=" " and len(seg)!=1:
        mytext_list.append(seg.replace(" ",""))
cloud_text=",".join(mytext_list)

#读取背景图片
jpg = imread('Background.jpg')
#绘制词云
wordcloud = WordCloud(
    mask = jpg,
    background_color="white",
    font_path='msyh.ttf',
    width = 1600,
    height = 1200,
    margin = 20
).generate(cloud_text)
plt.figure(figsize=(15,9))
plt.imshow(wordcloud)
#去除坐标轴
plt.axis("off")
#plt.show()
plt.savefig("WordCloud.jpg")
```

在JupyterLab中运行上述代码，生成如图13-5所示的词云，可以很直观地看出哪些关键词是客户关注的，其中关键词越大，代表关注的客户数量越多。

图 13-5　关键词词云

13.4 案例小结

  网络平台商品评论是消费者态度的直观反映，受到广大商家和消费者的重视。商家可以通过评论获得消费者的反馈，及时更新管理策略，在竞争中取得领先地位。由于评论数量巨大、结构混乱、口语化严重，人工阅读评论专业性要求高，耗费成本过高。因此，高效分析评论文本提取目标信息具有较强的实际意义。

  此外，利用网络评论数据进行客户需求分析可以及时获取消费者的需求，提升企业的市场竞争力。本章利用中文文本可视化技术对网上商城用户购买智能手机的评论数据进行深入挖掘，并据此得到以下结论：

  京东商城华为手机用户的评论涉猎主题很广，他们对智能手机的评价维度更为全面，涉及显示屏参数、手机性能等。此外，处理器配置、内存容量、购买产品的价格优惠、物流服务和售后服务等也受到消费者的关注。

附录 A

搭建大数据开发环境

本书的可视化分析虽然基本都是基于MySQL数据库展开的，但是也适用于Hadoop集群，具体连接方法详见第3章的3.1节，因此需要搭建集群。这里是基于三台虚拟机搭建一个由三个节点构成的Hadoop完全分布式集群。

A.1 集群的安装及网络配置

A.1.1 集群软件及其版本

使用的Hadoop集群是基于三台虚拟机搭建的，它是由三个节点（master、slave1、slave2）构成的Hadoop完全分布式集群，节点使用的操作系统为Centos 6.5，Hadoop的版本为2.5.2。

首先，下载并安装VMware。这里选择的是新版本的VMware Workstation pro 15.1.0，它是一款先进的虚拟化软件，将成为提高生产效率、为各类用户设计的桌面虚拟化解决方案，是开展业务不可或缺的利器，具体安装过程请参考网上的相关教程，这里不做介绍。

然后，下载并安装Centos 6.5系统。CentOS是一个基于Red Hat Linux 提供的可自由使用源代码的企业级Linux发行版本，每个版本的CentOS都会获得10年的支持。具体安装过程请参考网上的相关教程，这里也不做具体介绍。

使用的Hadoop集群上安装的软件及其版本如下：

```
apache-hive-1.2.2-bin.tar.gz
hadoop-2.5.2.tar.gz
jdk-7u71-linux-x64.tar.gz
mysql-5.7.20-linux-glibc2.12-x86_64.tar.gz
scala-2.10.4.tgz
```

```
spark-1.4.0-bin-hadoop2.4.tgz
sqoop-1.4.6.bin__hadoop-2.0.4-alpha.tar.gz
```

其中，集群主节点master上安装的软件如下：

```
apache-hive-1.2.2
hadoop-2.5.2
jdk-7u71
mysql-5.7.20
scala-2.10.4
spark-1.4.0
sqoop-1.4.6
```

集群主节点/etc/profile文件的配置如下：

```
export   JAVA_HOME=/usr/java/jdk1.7.0_71/
export   HADOOP_HOME=/home/dong/hadoop-2.5.2
export   SCALA_HOME=/home/dong/scala-2.10.4
export   SPARK_HOME=/home/dong/spark-1.4.0-bin-hadoop2.4
export   HIVE_HOME=/home/dong/apache-hive-1.2.2-bin
export   SQOOP_HOME=/home/dong/sqoop-1.4.6.bin__hadoop-2.0.4-alpha
export   PYTHONPATH=/home/dong/spark-1.4.0-bin-hadoop2.4/Python
export   RPATH=/home/dong/spark-1.4.0-bin-hadoop2.4/R
export
PATH=$HADOOP_HOME/bin:$HADOOP_HOME/sbin:$SCALA_HOME/bin:$JAVA_HOME/bin:$SPARK_HOME/
bin:$HIVE_HOME/bin:$SQOOP_HOME/bin:/usr/local/mysql/bin:$PATH
```

此外，集群两个从节点slave1与slave2上安装的软件如下：

```
hadoop-2.5.2
jdk-7u71
scala-2.10.4
spark-1.4.0
```

集群两个从节点/etc/profile文件的配置如下：

```
export   JAVA_HOME=/usr/java/jdk1.7.0_71/
export   HADOOP_HOME=/home/dong/hadoop-2.5.2
export   SCALA_HOME=/home/dong/scala-2.10.4
export   SPARK_HOME=/home/dong/spark-1.4.0-bin-hadoop2.4
export   PYTHONPATH=/home/dong/spark-1.4.0-bin-hadoop2.4/Python
export   RPATH=/home/dong/spark-1.4.0-bin-hadoop2.4/R
export   PATH=$HADOOP_HOME/bin:$HADOOP_HOME/sbin:$SCALA_HOME/bin:$JAVA_HOME/
bin:$SPARK_HOME/bin:$PATH
```

A.1.2 集群网络环境配置

为了使得集群既能互相之间进行通信，又能够进行外网通信，需要为节点添加网卡，上网方式均采用桥接模式，外网IP设置为自动获取，通过此网卡进行外网访问，配置应该按照用户当前主机的上网方式进行合理配置，如果不与主机通信的话，可以采用NAT上网方式，这样选取默认配置就行，内网IP设置为静态IP。

1. 配置集群节点网络

Hadoop集群各节点的网络IP配置如下：

```
master: 192.168.1.7
slave1: 192.168.1.8
slave2: 192.168.1.9
```

下面给出固定master虚拟机IP地址的方法，slave1和slave2与此类似：

```
vi /etc/sysconfig/network-scripts/ifcfg-eth0
TYPE="Ethernet"
UUID="b8bbe721-56db-426c-b1c8-38d33c5fa61d"
ONBOOT="yes"
NM_CONTROLLED="yes"
BOOTPROTO="static"
IPADDR=192.168.1.7
NETMASK=255.255.255.0
GATEWAY=192.168.1.1
DNS1=192.168.1.1
DNS2=114.144.114.114
```

为了不直接使用IP，可以通过设置hosts文件达到三个节点之间相互登录的效果，三个节点设置都相同，配置hosts文件，在文件尾部添加如下代码，保存后退出：

```
vi /etc/hosts
192.168.1.7 master
192.168.1.8 slave1
192.168.1.9 slave2
```

2. 关闭防火墙和 SELinux

为了节点间能够正常通信，需要关闭防火墙，三个节点设置都相同，集群处于局域网中，因此关闭防火墙一般不会存在安全隐患。

查看防火墙状态的命令如下：

```
service iptables status
```

防火墙即时生效，重启后复原，命令如下：

开启：service iptables start。
关闭：service iptables stop。

如果需要永久性生效，重启后不会复原，命令如下：

开启：chkconfig iptables on。
关闭：chkconfig iptables off。

关闭SELinux的方法如下。

临时关闭SELinux：

```
setenforce 0
```

临时打开SELinux：

```
setenforce 1
```

查看SELinux状态：

```
getenforce
```

永久关闭SELinux：

编辑/etc/selinux/config文件，将SELinux的值设置为disabled，下次开机SELinux就不会启动了。

3. 免密钥登录设置

设置master节点和两个slave节点之间的双向SSH免密通信，下面以master节点SSH免密登录slave节点设置为例，进行SSH设置介绍（以下操作均在master机器上操作）：

首先生成master的RSA密钥：$ssh-keygen -t rsa，设置全部采用默认值进行回车，将生成的RSA密钥追加写入授权文件：$cat ~/.ssh/id_rsa.pub >> ~/.ssh/authorized_keys，给授权文件权限：$chmod 600 ~/.ssh/authorized_keys，进行本机SSH测试：$ssh maste r。正常免密登录后，所有的SSH第一次登录都需要密码，此后都不需要密码。

将master上的authorized_keys传到slave1和slave2：

```
scp ~/.ssh/authorized_keys root@slave1:~/.ssh/authorized_keys
scp ~/.ssh/authorized_keys root@slave2:~/.ssh/authorized_keys
```

登录slave1操作：$ssh slave1输入密码登录。

退出slave1：$exit。
进行免密SSH登录测试：$ssh slave1。

同理，登录slave2进行相同的操作。

A.2 集群案例数据集简介

本书以某上市电商企业的客户数据、订单数据、股价数据为基础进行数据可视化的讲解，当然实际工作中的数据分析需求可能更加繁杂，但是我们可以先结合业务背景将需求整理成相应的指标，然后抽取出数据，再应用本书中介绍的数据可视化方法，从而实现我们的可视化分析需求。

A.2.1 数据字段说明

我们选取了该上市电商企业的客户数据、订单数据、股价数据中的部分指标作为分析字段，分别存储在customers、orders和stocks三张表中，下面逐一进行说明。

客户表customers包含客户属性的基本信息，例如客户ID、性别、年龄、学历、职业等12个字段，具体如表A-1所示。

表 A-1 客户表字段说明

序 号	变 量 名	说 明
1	cust_id	客户ID
2	gender	性别
3	age	年龄
4	education	学历
5	occupation	职业
6	income	收入
7	telephone	手机号码
8	marital	婚姻状况
9	email	邮箱地址
10	address	家庭地址
11	retire	是否退休
12	custcat	客户等级

订单表orders包含客户订单的基本信息，例如订单ID、订单日期、门店名称、支付方式、发货日期等22个字段，具体如表A-2所示。

表 A-2 订单表字段说明

序 号	变 量 名	说 明
1	order_id	订单ID
2	order_date	订单日期
3	store_name	门店名称

（续表）

序　号	变　量　名	说　　明
4	pay_method	支付方式
5	deliver_date	发货日期
6	planned_days	计划发货天数
7	cust_id	客户ID
8	cust_name	姓名
9	cust_type	类型
10	city	城市
11	province	省市
12	region	地区
13	product_id	产品ID
14	product	产品名称
15	category	类别
16	subcategory	子类别
17	sales	销售额
18	amount	数量
19	discount	折扣
20	profit	利润额
21	rate	利润率
22	return	是否退回

股价表stocks包含A企业近三年来股价的走势信息，包含交易日期、开盘价、最高价、最低价、收盘价、成交量6个字段，具体如表A-3所示。

表A-3　股价表字段说明

序　号	变　量　名	说　　明
1	date	交易日期
2	open	开盘价
3	high	最高价
4	low	最低价
5	close	收盘价
6	volume	成交量

A.2.2　数据导入说明

企业的客户表、订单表和股价表的指标及数据都整理好后，接下来的工作就是将数据导入Hadoop集群中，这个过程分成两步：新建表和导入数据。注意这个过程都是在Hive中进行的，所以需要启动Hadoop集群和Hive。

在新建表之前需要先新建数据库，HQL语句如下：

```
create database sales;
```

然后通过use sales语句使用sales数据库，再使用下面的三条HQL语句创建customers、orders和stocks三张表：

```
create table customers(cust_id string,gender string,age int,education string,
occupation string,income string,telephone string,marital string,email string,address
string,retire string,custcat string) row format delimited fields terminated by ',';
    create table orders(order_id string,order_date string,store_name string,
pay_method string,deliver_date string,planned_days int,cust_id string,cust_name
string,cust_type string,city string,province string,region string,product_id string,
product string,category string,subcategory string,sales float,amount int, discount
float,profit float,manager string,return int) partitioned by (dt string) row format
delimited fields terminated by ',';
    create table stocks(trade_date string,open float,high float,low float,close
float,volume int) row format delimited fields terminated by ',';
```

注意，由于在企业中，订单数据一般较多，因此我们将orders表定义成了分区表，分区字段是年份dt，而customers表和stocks表都是非分区表。如果想深入了解分区表与非分区表的区别与联系，可以参阅相关大数据的书籍。

表创建完成后，将数据导入相应的表中，在Hive中可以通过load data命令实现，例如将数据导入customers表中的命令如下：

```
load data local inpath '/home/dong/sales/customers.txt' overwrite into table
customers;
```

当然，也可以使用Sqoop中的sqoop import命令实现，这里就不详细介绍了。

对于分区表数据的导入，这个过程相对比较复杂，可以通过insert语句将非分区表的数据插入分区表中实现，两张表的表结构要一致。例如，orders_1存储的是2022年的订单数据，需要将其导入orders表中，HQL语句如下：

```
insert into table orders partition(dt) select order_id,order_date,store_name,
pay_method,deliver_date,planned_days,cust_id,cust_name,cust_type,city,province,
region,product id,product,category,subcategory,sales,amount,discount,profit,rate,
return,dt from orders_1 where dt=2022;
```

其他年份的数据也可以通过类似的方法导入orders表，注意在导入完成后验证一下数据是否正常导入，可以选择一种我们后面将要介绍的连接Hive的图形界面工具或者Hive的查询数据命令。

A.2.3　运行环境说明

现在大数据比较火热，企业的数据基本都是存放在Hadoop环境中，因此，为了更好地贴近实际工作，使读者学以致用，本书中使用的案例数据也存放在Hadoop集群中，一个主节点和两个从节点的虚拟环境,当然这个环境和企业的真实环境可能还有一定的差异,例如数据量的问题等,读者可以结合实际情况对代码进行适当的修改。

此外,对于Hadoop环境的搭建,具体的搭建过程比较复杂,由于篇幅限制,本书不再详细介绍,读者可以参考网络上的资料或相关书籍,只要懂一些Linux的基础命令操作,以及花费一定的时间,基本是可以成功搭建。

A.3 集群节点参数配置

A.3.1 Hadoop 的参数配置

集群的Hadoop版本是2.5.2,可以到其官方网站下载,需要配置的文件主要为core-site.xml、hdfs-site.xml、mapred-site.xml、yarn-site.xml和slaves五个,都在hadoop的/etc/hadoop文件夹下,配置完成后需要向集群其他机器节点分发,具体配置参数如下:

1. core-site.xml

```xml
<configuration>
  <property>
    <name>fs.defaultFS</name>
    <value>hdfs://master:9000</value>
  </property>
  <property>
    <name>hadoop.tmp.dir</name>
    <value>/home/dong/hadoopdata</value>
  </property>
  <property>
    <name>hadoop.proxyuser.root.hosts</name>
    <value>*</value>
  </property>
  <property>
    <name>hadoop.proxyuser.root.groups</name>
    <value>*</value>
  </property>
</configuration>
```

2. hdfs-site.xml

```xml
<configuration>
  <property>
    <name>dfs.replication</name>
    <value>1</value>
  </property>
```

```
  <property>
    <name>dfs.permissions</name>
    <value>false</value>
  </property>
</configuration>
```

3. mapred-site.xml

```
<configuration>
  <property>
    <name>mapreduce.framework.name</name>
    <value>yarn</value>
  </property>
  <property>
    <name>mapreduce.map.memory.mb</name>
    <value>2048</value>
  </property>
  <property>
    <name>mapreduce.map.java.opts</name>
    <value>-Xmx2048M</value>
  </property>
  <property>
    <name>mapreduce.reduce.memory.mb</name>
    <value>4096</value>
  </property>
  <property>
    <name>mapreduce.reduce.java.opts</name>
    <value>-Xmx4096M</value>
  </property>
</configuration>
```

4. yarn-site.xml

```
<configuration>
  <property>
    <name>yarn.nodemanager.aux-services</name>
    <value>mapreduce_shuffle</value>
  </property>
  <property>
    <name>yarn.resourcemanager.address</name>
    <value>master:18040</value>
  </property>
  <property>
    <name>yarn.resourcemanager.scheduler.address</name>
    <value>master:18030</value>
  </property>
```

```
<property>
  <name>yarn.resourcemanager.resource-tracker.address</name>
  <value>master:18025</value>
</property>
<property>
  <name>yarn.resourcemanager.admin.address</name>
  <value>master:18141</value>
</property>
<property>
  <name>yarn.resourcemanager.webapp.address</name>
  <value>master:18088</value>
</property>
</configuration>
```

5. slaves

```
slave1
slave2
```

我们还需要将配置好的Hadoop文件复制到其他节点，注意此步骤的操作仍然是在master节点上，复制到slave1和slave2的语句如下：

```
scp -r /home/dong/hadoop-2.5.2 root@slave1:/home/dong/
scp -r /home/dong/hadoop-2.5.2 root@slave2:/home/dong/
```

A.3.2　Hive 的参数配置

Hive将元数据存储在RDBMS中，一般使用MySQL和Derby。默认情况下，Hive元数据保存在内嵌的Derby数据库中，只能允许一个会话连接，因此仅适合简单的测试。但在实际生产环境中，为了支持多用户会话，需要一个独立的元数据库，一般使用MySQL作为元数据库，Hive内部对MySQL也提供了很好的支持，因此在安装Hive之前需要安装MySQL数据库。

配置Hive时一定要记得加入MySQL的驱动包（mysql-connector-java-5.1.26-bin.jar），该JAR包放置在Hive的根路径下的lib目录下。Hive是运行在Hadoop环境之上的，因此需要Hadoop环境，这里我们将其安装在Hadoop完全分布式模式的master节点上，需要配置hive-site.xml和hive-env.sh两个文件，具体配置参数如下。

1. hive-env.sh

在hive-env.sh文件的最后添加以下内容：

```
export  JAVA_HOME=/usr/java/jdk1.7.0_71/
export  HADOOP_HOME=/home/dong/hadoop-2.5.2
export  HIVE_HOME=/home/dong/apache-hive-1.2.2-bin
export  HIVE_CONF_DIR=/home/dong/apache-hive-1.2.2-bin/conf
```

2. hive-site.xml

```xml
<configuration>
  <property>
    <name>hive.metastore.warehouse.dir</name>
    <value>/user/hive/warehouse</value>
  </property>
  <property>
    <name>hive.execution.engine</name>
    <value>mr</value>
  </property>
  <property>
    <name>javax.jdo.option.ConnectionURL</name>
    <value>jdbc:mysql://192.168.1.7:3306/hive?createDatabaseIfNotExist=True&amp;useSSL=false</value>
  </property>
  <property>
    <name>javax.jdo.option.ConnectionDriverName</name>
    <value>com.mysql.jdbc.Driver</value>
  </property>
  <property>
    <name>javax.jdo.option.ConnectionUserName</name>
    <value>root</value>
  </property>
  <property>
    <name>javax.jdo.option.ConnectionPassword</name>
    <value>root</value>
  </property>
  <property>
    <name>hive.metastore.uris</name>
    <value>thrift://192.168.1.7:9083</value>
    <description></description>
  </property>
  <property>
    <name>hive.server2.authentication</name>
    <value>NOSASL</value>
  </property>
  <property>
    <name>hive.cli.print.header</name>
    <value>True</value>
  </property>
  <property>
    <name>hive.cli.print.current.db</name>
    <value>True</value>
```

```
  </property>
  <property>
    <name>hive.server2.thrift.port</name>
    <value>10000</value>
  </property>
  <property>
    <name>hive.server2.thrift.bind.host</name>
    <value>192.168.1.7</value>
  </property>
</configuration>
```

A.3.3　Spark 的参数配置

我们可以到Spark官网下载spark-1.4.0-bin-hadoop2.4，同时还需要下载scala-2.10.4.tgz，以及配置spark-defaults.conf、spark-env.sh和slaves三个文件，配置完成后需要向集群其他机器节点分发。

1. spark-defaults.conf

在spark-defaults.conf的最后添加以下内容：

```
spark.master=spark://master:7077
```

2. spark-env.sh

在spark-env.sh的最后添加以下内容：

```
export HADOOP_CONF_DIR=/home/dong/hadoop-2.5.2/
export JAVA_HOME=/usr/java/jdk1.7.0_71/
export SCALA_HOME=/home/dong/scala-2.10.4
export SPARK_MASTER_IP=192.168.1.7
export SPARK_MASTER_PORT=7077
export SPARK_MASTER_WEBUT_PORT=8080
export SPARK_WORKER_PORT=7078
export SPARK_WORKER_WEBUT_PORT=8081
export SPARK_WORKER_CORES=1
export SPARK_WORKER_INSTANCES=1
export SPARK_WORKER_MEMORY=2g
export SPARK_JAR=/home/dong/spark-1.4.0-bin-hadoop2.4/lib/
spark-assembly-1.4.0-hadoop2.4.0.jar
```

3. slaves

```
slave1
slave2
```

此外，还需要将配置好的hive-site.xml复制到Spark的配置文件下，最后将配置好的Spark

和Scala复制到slave1和slave2两个从节点，注意此步骤的所有操作仍然是在master节点上，具体语句如下：

```
scp -r /home/dong/scala-2.10.4 root@slave1:/home/dong/
scp -r /home/dong/spark-1.4.0-bin-hadoop2.4 root@slave1:/home/dong/
scp -r /home/dong/scala-2.10.4 root@slave2:/home/dong/
scp -r /home/dong/spark-1.4.0-bin-hadoop2.4 root@slave2:/home/dong/
```

A.3.4 集群的启动与关闭

由于Hadoop集群上的软件较多，集群的启动程序命令相对比较复杂，为了防止启动错误，我们这里使用绝对路径，具体启动命令如下。

1. Hadoop 的启动和关闭

启动：/home/dong/hadoop-2.5.2/sbin/start-all.sh。
关闭：/home/dong/hadoop-2.5.2/sbin/stop-all.sh。

2. Hive 的启动

```
nohup hive --service metastore > metastore.log 2>&1 &
hive --service hiveserver2  &
```

Hive的关闭一般是通过kill命令实现的，即kill加进程编号。

3. Spark 的启动和关闭

启动：/home/dong/spark-1.4.0-bin-hadoop2.4/sbin/start-all.sh。
关闭：/home/dong/spark-1.4.0-bin-hadoop2.4/sbin/stop-all.sh。